西藏高原饲草加工与贮藏实验指导

王向涛　主编

中国农业大学出版社
·北京·

内 容 简 介

本书是根据饲草饲料加工与贮藏学的有关内容，并结合西藏的具体实际情况而拟定的。主要讲述如何挖掘牧草及饲料资源潜力，并将这些牧草资源经过正确加工措施转变为优质的饲草或将农副产品加工成较好的饲料，从而提高牧草的利用率或变废为宝。

图书在版编目(CIP)数据

西藏高原饲草加工与贮藏实验指导/王向涛主编. —北京：中国农业大学出版社，2016.8

ISBN 978-7-5655-1675-7

Ⅰ.①西… Ⅱ.①王… Ⅲ.①饲料加工-西藏 ②饲料-贮藏-西藏 Ⅳ.①S816.9

中国版本图书馆 CIP 数据核字(2016)第 184257 号

书　名 西藏高原饲草加工与贮藏实验指导

作　者 王向涛 主编

策划编辑 梁爱荣　　**责任编辑** 梁爱荣

封面设计 郑 川

出版发行 中国农业大学出版社

社　址 北京市海淀区圆明园西路 2 号　　**邮政编码** 100193

电　话 发行部 010-62818525,8625　　读者服务部 010-62732336

编辑部 010-62732617,2618　　出 版 部 010-62733440

网　址 http://www.cau.edu.cn/caup　　**E-mail** cbsszs@cau.edu.cn

经　销 新华书店

印　刷 涿州市星河印刷有限公司

版　次 2016 年 8 月第 1 版　2016 年 8 月第 1 次印刷

规　格 787×980　16 开本　7.75 印张　140 千字

定　价 20.00 元

图书如有质量问题本社发行部负责调换

编 委 会

前　言

饲草作物通常以放牧或刈割的方式来供给家畜利用。饲草作物包括粮谷精饲料，青刈鲜喂的青绿多汁饲料，人工种植的一年生、多年生牧草和青干贮设备加工的粗饲料。优质饲草是畜牧业发展不可缺少的生产资料，又是价值较高的商品。在饲草利用过程中，传统上以饲草收获后的散干草为主要形式，市场经营效益低下，交通运输成本较高。从畜牧业生产资料的角度来考虑，只有把饲草加工和改质作为改变家畜饲养方式的手段，才能打破传统的畜牧业经营方式，实现高产、优质、高效的产业化目标和可持续发展战略。从商品角度来考虑，优质饲草可以不经过家畜转化环节直接进入市场，具有加工增值特性。饲草加工与贮藏的任务就是使更多的饲料被家畜采食、消化、利用，变成可消化的营养物质，提高能量的转化率，从而获得量多质优的畜产品。

饲草可加工成各种草产品，其收割后有很多加工方法，如青贮、氨化、打捆、调制成干草、加工成草粉、草块、草饼、提取蛋白和草汁等。纵观我国饲草产品的生产发展历程，我国规模化产业化生产饲草产品是从改革开放后兴起的，发展时间短，生产加工技术水平和管理现代化程度均有待于不断提高，尤其是牧草加工传统的粗放模式和只注重产量的片面观念，都在一定程度上限制了现代草产品的生产加工和市场销售。在国内市场上，流通经营的主要饲草产品为草捆、草粉和少量草颗粒，还有饲草青贮和饲草料蛋白。

饲草的生产涉及饲草种植、收获、产品加工以及贮藏等方面，每个环节都至关重要。饲草加工与贮藏学是一门实用性很强的学科，除课堂讲授外，必须要有一定时数的实验及实习，才能牢固地掌握这门学科的基本知识。本实验指导主要讲述如何挖掘牧草及饲料资源潜力，并将这些牧草资源经过合理加工措施转变为优质的饲草或将农副产品加工成较好的饲料，从而提高牧草的利用率或变废为宝。目前，与世界发达国家相比，我国的饲草饲料加工与贮藏方法比较落后，而西藏自治区则更为落后，有些方面还是空白。本实习指导书是根据课程的有关内容以及实习时间安排，并结合西藏农牧学院教学实习场地及实验室的具体实际情况而拟定的。

由于条件所限，有些实验和实习内容尚不能安排进行。有望今后条件逐步改善，我们能近一步充实实验和实习内容。

由于水平有限，编写的时间仓促，错误和不足之处在所难免，望广大同仁及读者批评指正。

编　者

2016 年 6 月

目　录

第一部分　目的要求

根据西藏高原饲草料加工与贮藏实验指导书目前的要求，饲草料加工与贮藏实验主要包括三部分：饲草作物田间观测、饲草料加工贮藏与品质鉴定及饲草料营养成分测定(包括热能测定)。在学习实验内容时，应明确这是一些基本的实验操作与训练。它是在结合饲草料加工与贮藏学的理论学习及定量化学分析、生理生化、生物统计与试验设计的基本训练与理论基础上进行的。

下面是关于实验工作的要求，以供参考。

本实验指导的每个实验大体上包括下列几部分：目的、原理、仪器设备、试剂及材料、操作步骤、结果计算、思考题等。在实验开始前必须认真预习实验指导书。

每个实验首先叙述实验的目的。在进行实验之前，必须清楚了解实验的目的及预期从中学习到的知识。

其次是实验的原理部分都作了简明扼要的介绍。同学们实验之前必须认真学习，确切理解有关实验的理论知识，然后才能着手进行实验工作。

开始实验之前，须仔细阅读操作步骤，并把一切准备工作做完，仪器设备、试剂及材料部分只列举出实验所需要的主要仪器、试剂与材料等。应检查这些仪器设备及材料是否齐备，然后再进行实验。

要养成严谨的科学素质，避免忙乱，浪费时间。

1. 实验过程中注意事项

在实验过程中，应注意以下几点：

(1)在进行主要操作的间隙，应利用空余时间完成一些零星工作，如洗涤仪器、计算结果等。有计划地操作和细致、认真地观察是实验工作成功的关键。

(2)在实验时要使用清洁的仪器，并保持实验台整洁。

(3)发现问题时，在问教师以前应先自己试行分析与答疑。

实验记录与结果计算必须认真对待，这是实验的最后成果。有些实验要进行一些运算，这时应理解计算公式的原理。

实验所附的思考题应在细致思考后，予以简明扼要地解答。以加深对实验过程及实验所得结果的理解。

2.关于实验报告

在实验过程中要做好每一个操作步骤,并随时将观察情况或实验数据记录在实验笔记本上。实验记录数据,不要随便涂改。实验完毕应及时整理记录、计算结果并写成书面报告。一份好的实验报告其主要特点是:它应当写得十分详尽和具有科学性,文字通顺。这样才便于再重复此项实验时参考做这些实验,并得到同样的结果或结论。在实验报告中一般应包括下列内容:

(1)实验日期。

(2)实验题目。

(3)实验目的。

(4)实验原理——应简明扼要地叙述实验的基本原理。

(5)操作步骤——应详尽地叙述实验操作过程,便于再重复此项实验时参考。

(6)结果——详细记录所得数据,并将计算结果列成表格或绘成曲线,便于作进一步的分析与讨论。

(7)讨论——应对实验结果准确性进行分析,并对实验过程中发生的现象进行讨论。

(8)思考题——应作简明扼要地回答。

3.关于实验室规则

(1)实验室须保持清洁整齐,这是实验工作的必要条件。实验工作中,必须做好"清洁"工作。凡是定量、生化分析工作所应注意的事项,在本实验工作中也应注意。例如,前一个实验疏忽遗留在试管或容器中的化学试剂痕迹,会使以后的实验得到错误甚至失败的结果,这点必须引起特别注意。

仪器试剂的放置应有次序,试剂不要洒在桌面或地面上。玻璃仪器每次用过后应随时洗净、烘干。饲料、粪、尿、血液、乳、肉等材料,在采取完样本后即可弃去。实验室应经常保持清洁整齐,实验结束后,应整理好仪器,并打扫实验室后才能离开。

(2)使用的玻璃仪器必须洁净。强酸、强碱废液,切勿直接倒入水槽,以免腐蚀水管。固体物如滤纸、火柴头、残渣及其他固体废物不得投入水槽。

(3)凡发生烟雾或有毒、有臭味气体的操作或实验,都须在通风橱中进行。

(4)要注意安全,在使用煤气灯时,应先将火柴划着,一手执火柴点火,一手慢慢开煤气截门。不要先开气门,然后点火,这样容易出危险。熄灯时,先关闭气门,火焰自灭。一切按操作规程进行。

使用易燃试剂如乙醚、丙酮、石油醚、酒精等,应远离明火,以防着火,引起火灾;使用煤气、电炉、酒精灯、石油液化气时,人不得远离,以防意外,用后及时关闭。

在使用高温电炉时,须有值班人员负责。

通常实验室中应备有必要的急救箱,贮备各种护理用器材及药品。

(5)使用恒温箱或冰箱时,应注意保持恒温箱或冰箱的严密。取放物体样本时,要爱护这些仪器设备,须随手轻开轻关。在恒温箱或冰箱内存放物品,必须注明存放人姓名、日期等,以免混淆。

(6)一些精密仪器如分析天平、离心机、分光光度计、氧弹式热量计、氨基酸自动分析仪等应特别爱护。使用前必须熟读使用方法,并须在教师指导下严格按操作规程使用。遇有问题,应随时请教教师。

(7)取用试剂或标准溶液,用后立即将原瓶塞盖严,放回原处。自瓶中取出的试剂如未用尽,勿倒回原瓶内,以免掺混。

在量取有毒、有害试剂时,切勿用口吸,可用吸管或量筒,并可借助洗耳球吸取。

配制的试剂,必须贴上标签,注明试剂名称、浓度、配制日期。

(8)进行实验时应养成节约的良好习惯,必须注意节约电、水、试剂、药品等。不要浪费滤纸及其他消耗物品。

遇有损坏仪器时,应立即报告教师,说明情况。遇有任何意外,应保持冷静,采取应急措施。

(9)在实验室不准吸烟。使用电学仪器应先检查线路是否正确、电压是否相符。用后即拔掉插销。

4. 分析误差

实验记录按实验指导书中规定进行。

根据实际应用上的要求及可能达到的精确度,对各项成分分析结果的偶然误差的允许范围,作如下规定:

成分	允许两次重复测定的相对偏差
一般成分	<5%
钙、磷	<10%
胡萝卜素	<10%

例如:胡萝卜素的两次测定结果是:每100 g样本中含胡萝卜素4.3 mg及4.7 mg,两者平均值为4.5 mg。

$$\text{其相对偏差}=\frac{4.7-4.3}{4.5}\times 100\%=8.8\%<10\%$$

因此,可以认为平均值合格。

第二部分　饲草作物田间观测

生产者和消费者更多关注饲草产品加工后的质量状况，而忽视田间种植管理、收获过程对产品质量的影响，难以保证饲草产品质量的稳定。牧草植株生长发育过程中，营养物质在体内的积累往往在植株成熟衰老之前就已经达到了最高水平，尽管干物质含量在成熟后达到最高，但此时包括蛋白质在内的营养物质已经大量损失。为获高产，常采用延迟收获的办法，甚至在植株枯黄期才进行收获，此时牧草的营养价值已经大大降低，以此为原料生产的草产品质量状况就很差。实践当中，与饲草种植配套的产业化生产技术体系不完善，投入少。种植者为控制杂草，选择见效快、成本低的除草剂，不顾及除草剂药剂残留对饲草安全的影响。因此，应针对牧草不同生育期的营养物质变化规律采取相应的田间管理措施，以促进营养物质的贮存和饲草的安全。

实验一　常见豆科牧草植物学特征观测

一、实验目的和意义

豆科牧草是世界各国草地农业生产的重要组成部分，作为蛋白质饲料来源、生物固氮资源、生态保育的重要组分，在畜牧业发展、草田轮作、环境保护和建设方面发挥着极其重要的作用。通过观测常见豆科牧草的植物学特征，比较不同牧草的根、茎、叶、花、果实、种子以及特化组织的特征，掌握常见豆科牧草的植物学特征，能区分常见豆科牧草的外貌特征，熟悉其不同生长发育阶段的不同株丛形态、生境特点等。

二、材料和用具

(1)用具：放大镜、载玻片、盖玻片、铅笔、白纸等。

(2)材料：常见豆科牧草(红三叶、白三叶、紫花苜蓿、箭舌豌豆、野豌豆、黄花羽扇豆、白花草木犀、黄花草木犀、红豆草、地三叶、百脉根、沙打旺、紫云英、柱花草及蝴蝶豆等)的盒装蜡叶标本和新鲜标本。

三、实验方法和步骤

(1)准备材料:准备若干常见豆科牧草实物,如由于季节限制则准备蜡叶标本。

(2)观测:分组观测不同材料的共同点和不同点,掌握区分不同物种的重要特征。

(3)绘图:对观测材料绘图并说明其主要特征。

四、注意事项

观测过程中,注意观测其与其他牧草的不同之处。

五、思考题

认真比较同种属的豆科牧草,其植物学特征有何差异?

实验二　常见禾本科牧草植物学特征观测

一、实验目的和意义

禾本科是牧草的重要组成部分,在栽培的牧草和作物中占绝大多数,它既是人类粮食的主要来源,也是各种家畜主要牧草及饲料。种植的禾本科牧草主要有多年生黑麦草、多花黑麦草、高羊茅、狗牙根、羊草、披碱草、蒙古冰草、老芒麦、无芒雀麦等。通过观测常见禾本科牧草的植物学特征,比较不同牧草的根、茎、叶、花、果实、种子以及特化组织的特征,掌握常见禾本科牧草的植物学特征,能区分常见禾本科牧草的外貌特征,熟悉其不同生长发育阶段的不同株丛形态、生境特点等。

二、材料和用具

(1)用具:放大镜、载玻片、盖玻片、铅笔、白纸等。

(2)材料:常见禾本科牧草(多年生黑麦草、多花黑麦草、高羊茅、狗牙根、羊草、披碱草、蒙古冰草、老芒麦、无芒雀麦等)的盒装蜡叶标本和新鲜标本。

三、实验方法与步骤

(1)准备材料:准备若干常见禾本科牧草实物,如由于季节限制则准备蜡叶标本。

(2)观测:分组观测不同材料的共同点和不同点,掌握区分不同物种的重要特征。

(3)绘图:对观测材料绘图说明其主要特征。

四、注意事项

观测过程中,注意观测其与其他牧草的不同之处。

五、思考题

(1)认真比较同种属的禾本科牧草,其植物学特征有何差异?

(2)通过对禾本科、豆科牧草植物学特征的观测,其最大的差异是什么?

实验三　常见其他牧草植物学特征观测

一、实验目的和意义

通过观测常见其他牧草的植物学特征,比较不同牧草的根、茎、叶、花、果实、种子以及特化组织的特征,使学生掌握常见其他牧草的植物学特征,能区分常见其他牧草的外貌特征,熟悉其不同生长发育阶段的不同株丛形态、生境特点等。

二、材料和用具

(1)用具:放大镜、载玻片、盖玻片、铅笔、白纸等。

(2)材料:常见其他牧草的盒装蜡叶标本和新鲜标本。

三、实验方法与步骤

(1)准备材料:准备若干常见其他牧草实物,如由于季节限制则准备蜡叶标本。

(2)观测:分组观测不同材料的共同点和不同点,掌握区分不同物种的重要特征。

(3)绘图:对观测材料绘图说明其主要特征。

四、注意事项

观测过程中,注意观测其与禾本科、豆科牧草相同器官的不同之处?

实验四　饲草物候期观测

一、实验目的和意义

饲草物候期是指饲草在生长发育过程中,在形态上发生显著变化的各个时期。饲草在不同的发育时期,不仅形态上有显著变化,而且在对外界环境条件的要求方面也发生了改变。进行生育期观测的目的,是为了了解各种(品种)牧草在一定地区内生长发育各时期的进程及其与环境条件的关系,以便及时采用相应的措施而获得丰产,同时也便于进一步掌握牧草的特征特性,为选育和引进优良品种以及制定正确的农业技术措施等提供必要的依据。因此,观测饲草物候期在农业生产和科学研究中具有重要意义。

二、材料和用具

(1)用具:生育期记载表、铅笔、钢卷尺、小铁铲、计算器等。

(2)材料:不同生育阶段的各种牧草。

三、实验方法与步骤

1. 生育期观察的时间

生育期观察的时间以不漏测任何一个生育期为原则。一般每 2 d 观察 1 次,在双日进行。如果牧草的某些生育期生长很慢,或 2 个生育期相隔很长,每隔 4～5 d 观察 1 次。观察生育期的时间和顺序要固定,一般在下午进行。

2. 生育期观察的方法

(1)目测法:在牧草田内选择代表性的 1 m^2 植株,定点目测估计。

(2)定株法:在牧草田选择有代表性的 4 个小区,小区长 1 m,宽 2～3 行。在每小区选出 25 株植株,4 个小区共 100 株。作标记观察有多少株进入某一生育期的植株数，然后计算其百分率。

3. 各生育期的含义及记载标准

(1)禾本科牧草及饲草田间观察记载登记表见表1。

表1 禾本科饲草及饲草田间观察记载登记表

小区号	草种名称	播种期	出苗期(返青期)	分蘖期	拔节期	孕穗期	孕穗期株高/cm	抽穗期	开花期	成熟期			完熟期株高/cm	生育天数/d	枯黄期/d	生长天数/d	越冬(夏)率/%	抗逆性
										乳熟	蜡熟	完熟						

①播种期：实际播种日期，以日/月表示。

②出苗期及返青期：种子萌发后，幼苗露出地面称为出苗，有50%的幼苗露出地面时称为出苗期，有50 %的植株返青时称为返青期。

③分蘖期：幼苗在茎的基部茎节上生长侧芽并形成新枝为分蘖，有50%的幼苗在幼苗基部茎节上生长侧芽并形成新枝时为分蘖期。

④拔节期：植株的第一个节露出地面1～2 cm时为拔节期。

⑤孕穗期：植株出现剑叶为孕穗，50%植株出现剑叶为孕穗期。

⑥抽穗期：幼穗从顶部叶鞘中伸出为抽穗，当有50%的植株幼穗从顶部叶鞘中伸出而显露于叶外时为抽穗期。

⑦开花期：花颖张开，花丝伸出颖外，花药成熟，具有授粉能力为开花，当有50%的植株花颖张开，花丝伸出颖外时为开花期。

⑧成熟期：禾草授粉后，胚和胚乳开始发育，进行营养物质转化、积累，该过程为成熟。禾草种子成熟分以下3个时期。

a. 乳熟期：籽粒充满乳白色液体，含水量在50%左右为乳熟，当有50%植株的籽粒内充满乳汁，并接近正常大小为乳熟期。

b. 蜡熟期：籽粒由绿变黄，水分减少到25%～30%，内含物呈蜡状称蜡熟，当有50%植株籽粒颜色接近正常，内具蜡状物时记载为蜡熟期。

c. 完熟期：茎秆变黄，籽粒变硬为完熟，当80%以上的籽粒变黄、坚硬时记载为完熟期。

⑨枯黄期：植株叶片由绿变黄变枯，为枯萎，当植株的叶片2/3达到枯黄时为枯黄期。

⑩生育天数：由出苗至种子成熟的天数记载为生育天数。

⑪生长天数：由出苗或返青期至枯黄的天数记载为生长天数。

⑫株高：每小区选择10株，测量其从地面到植株最高部位（芒除外）的绝对高度。只于孕穗期和完熟期测定。

（2）豆科牧草及饲草田间观察记载登记表见表2。

①出苗期：幼苗从地面出现为出苗，有50%的幼苗出土后为出苗期。

②分枝期：从主茎长出侧枝为分枝，当有50%的植株主茎长出侧枝时记载为分枝期。

③现蕾期：植株叶腋出现第1批花蕾为现蕾，有50%花蕾出现时为现蕾期。

④开花期：在花序上出现有花的旗瓣张开为开花，有20%植株开花为开花期，有80%的植株开花为开花盛期。

⑤结荚期：在花序上形成第1批绿色豆荚为结荚，有20%植株出现绿色荚果时为结荚期，有80%的植株出现绿色荚果时，为结荚盛期。

⑥成熟期：荚果脱绿变色，变成原品种固有色泽和大小、种子成熟坚硬，为成熟，有80%的种子成熟为成熟期。

⑦株高：与禾本科牧草相同，只于现蕾期、开花期、成熟期进行测定。

⑧根茎入土深度和直径：入冬时，在每个小区选择有代表性的植株10株测定。

表2 豆科牧草及饲草田间观察记载登记表

小区号	草种名称	播种期	出苗期	分枝期	现蕾期	现蕾期株高/cm	开花期		开花期株高/cm	结荚期		成熟期	成熟期株高/cm	生育天数/d	枯黄期/d	生长天数/d	越冬（夏）率/%	根茎入土深度	根茎直径	抗逆性
							初期	盛期		初期	盛期									

实验五 饲草生产性能测定

一、实验目的和意义

当从外地引种优良牧草或推行某一项新的农业技术措施时，由于生境条件的改变，牧草的生长发育状况也可能随之发生变化，要对此所引起的变化（如株高、分蘖数目、产草量等）进行调查和测定，鉴定其优势，明确其经济价值和推广价值，以避免给生产造成损失；同时通过对牧草生产性能的测定，对于建立、合理利用人工草地，评定草地载畜量以及草地类型的划分和分级将提供必备的基础数据。

二、材料和用具

(1)用具：电子天平、杆秤、镰刀、菜刀、线绳、塑料袋、剪刀、钢卷尺等。

(2)材料：不同属种、不同生活年限的豆科、禾本科或其他科人工草地、饲草地。

三、实验方法与步骤

1. 产量的测定

(1)产草量的种类。

①生物学产量是牧草生长期间生产和积累的有机物质的总量，即整个植株（不包括根系）总干物质的收获量。在组成牧草株体的全部干物质中，有机物质占90%～95%，矿物质占5%～10%，可见有机物质的生产和积累是形成产量的主要物质基础。

②经济产量是生物学产量的一部分。它是指种植目的所需要的产品的收获量。经济产量的形成是以生物学产量即有机质总量为物质基础，没有高的生物学产量，也就不可能有高的经济产量。但是有了高的生物学产量，究竟能获得多少经济产量，还需要看生物产量转化为经济产量的效率，即经济系数＝经济产量/生物产量。经济系数越高，说明有机质的利用越经济。

由于牧草种类和栽培目的不同，它们被利用作为产品的部分也不同，如牧草种子田的产品为籽实，生产田的产品为饲草等。

(2)样地的大小。

①取样测产：实验地面积较大，全都测产人力、物力、财力、时间不允许时，采用

取样测产。取样面积为 1/4 m^2，1/2 m^2，1 m^2，2 m^2，样方形状最好是正方形或长方形。取样时应注意代表性，严禁在边行及密度不正常的地段取样。取样方法通常采用随机取样、顺序取样和对角线取样。测产不少于 4 次重复。

②小区测产：即在试验小区内全部刈割称重（除去保护行）。小区测产的条件是小区面积小，重复不多，人力充足和在 1 d 内能测完全部小区。这种方法准确，但花费人力、时间较多，大面积试验不宜采用。一般测定的时间，豆科牧草为现蕾至初花期，禾本科牧草在孕穗期至抽穗期，这样既有较高的产量，同时营养也较丰富，测产结果均需换算成 kg/hm^2（表 3）。

表 3　产草量测定登记表　　kg/hm^2

<table>
<tr><th rowspan="4">小区号</th><th rowspan="4">牧草名称</th><th colspan="17">牧草产量</th></tr>
<tr><th colspan="5">第一次刈割</th><th colspan="5">第二次刈割</th><th colspan="5">第三次刈割</th><th colspan="2">总产</th></tr>
<tr><th rowspan="2">测产日期</th><th rowspan="2">生育期</th><th rowspan="2">高度</th><th colspan="2">产量</th><th rowspan="2">测产日期</th><th rowspan="2">生育期</th><th rowspan="2">高度</th><th colspan="2">产量</th><th rowspan="2">测产日期</th><th rowspan="2">生育期</th><th rowspan="2">高度</th><th colspan="2">产量</th><th colspan="2">产量</th></tr>
<tr><th>鲜</th><th>干</th><th>鲜</th><th>干</th><th>鲜</th><th>干</th><th>鲜</th><th>干</th></tr>
<tr><td></td><td></td><td></td><td></td><td></td><td></td><td></td><td></td><td></td><td></td><td></td><td></td><td></td><td></td><td></td><td></td><td></td><td></td><td></td></tr>
<tr><td></td><td></td><td></td><td></td><td></td><td></td><td></td><td></td><td></td><td></td><td></td><td></td><td></td><td></td><td></td><td></td><td></td><td></td><td></td></tr>
<tr><td></td><td></td><td></td><td></td><td></td><td></td><td></td><td></td><td></td><td></td><td></td><td></td><td></td><td></td><td></td><td></td><td></td><td></td><td></td></tr>
<tr><td></td><td></td><td></td><td></td><td></td><td></td><td></td><td></td><td></td><td></td><td></td><td></td><td></td><td></td><td></td><td></td><td></td><td></td><td></td></tr>
</table>

（3）测定方法（刈割法）。在牧草地取样 4 处，每处 0.25～1 m^2，用镰刀或剪刀齐地面（生物原产量）或距地 3～4 cm（经济产量）割下或剪下牧草并立即称重得鲜草产量，从鲜草中称取 1 000 g 装入布袋阴干，至重量不变时称重即为风干重。再从风干带或鲜草中称取 500 g，放入 105℃烘箱内经 10 min 后降温到 65℃，经过 24 h，烘至恒重，即为干物质重。因为测定的目的不同，时间规定不同，按时间特征来归纳，可以有下列 3 种产量的测定。

①平均产量：是在人工草地利用的成熟期测定一次产量，当牧草生长到可以再次利用的高度时，再测定其再生草产量。再生草可以测定多次。各次测定的产量相加，就是全年的产量，再除以次数，即为平均产量。

②实际产量：也叫利用前产量，即比测定平均产过早一些或晚一些测定的产量叫实际产量。第一次测定后每次刈割或放牧时重复测定产量，各次测定的产量之和，就是全年实际产量。

③动态产量：是在不同时期测定的一组产量。在进行这几项作业时，要在一定

地段，设立有围栏保护的定位样地，在样地上根据设计并预先布置样方，进行定期的产量测定。动态产量的测定可按放牧的生育期，也可按一定时间间隔，如 10 d、15 d、1 个月或一季度测定一次。

2. 种子产量测定

(1)选定样方 6～10 个，总面积 6～10 m^2。

(2)调查每样点有效株数，取平均数，再求每亩株数。公式为：

$$每亩株数=取样点平均株数(株/m^2)/667.7\ m^2$$

(3)调查每株平均粒数(代表性植株 20 株，取算术平均数)。

①通过千粒重的测定，求出每千克粒数。公式为：

$$每千克粒数=\frac{1\,000(g)\times 1\,000}{千粒重(g)}$$

②根据下列公式求出每公顷草地种子产量：

$$种子产量(kg/hm^2)=(每公顷株数\times每株平均粒数)/每千克粒数$$

或者将样方内植株全部刈割后脱粒、称重再折算成公顷产量。

3. 茎叶比例的测定

叶片中牧草营养物质的含量高于茎秆，因此牧草的叶量在很大程度上影响了饲草中的营养物质含量。同时，叶量大者适口性较好，消化率也高。

测定方法是在测定草产量的同时取代表性草样 200～500 g，将茎、叶、花序分开，待风干后称重，计算各自占总重量的百分比。花序可算为茎的部分，禾本科牧草包括茎和叶鞘，豆科牧草的叶包括小叶、小叶柄和托叶三部分。

4. 植株高度和生长速度的测定

(1)植株高度　牧草的株高与产量成正比。牧草的株高与牧草的利用方式(刈割、放牧或兼用)、草层高度及各草种在混播草地中的比例有密切关系。植株高度分为：

①草层高度：大部分植株所在的高度。

②真正高度(茎长)：植株和地面垂直时的高度。即把植株拉直后茎的长度。

③自然高度：即牧草在自然生长状态下的高度，测定时从植株生长的最高部位到垂直地面的高度。

植株高度从地面量至叶尖或花序顶部，禾本科牧草的芒和豆科牧草的卷须不算在内。

株高的测定采用定株或随机取样法，取代表性植株40株，求平均值。测定时间可根据不同的测定目的在各物候期进行或每10 d测定1次。

(2)牧草生长速度　指单位时间内牧草增长的高度。其测定多结合株高测定进行，采用定株法，每10 d测定1次，然后计算出每天增长的高度。随机取样时如2次测定间隔时间过短，也可能出现负增长。

5. 分蘖(分枝)数的测定

牧草从分蘖节或根须上长出侧枝的现象称为分蘖(分枝)。分蘖(分枝)数的多少不仅与播种密度、混播比例有关，且直接关系到产量的高低。分蘖(分枝)数的测定，根据不同目的可在不同物候期进行，一种方法是在测定过产草量的样方内取代表性植株10株，连根拔出(拔5～10 cm深即可)，数每株分蘖(分枝)数，计算平均数；另一种方法是取代表性样段3行，每行内定长50～100 cm，然后数每行样段内每一单株的分蘖(分枝)数，计算平均数。

四、注意事项

(1)刈割法测定产量时应注意不同牧草留茬高度略有不同。

(2)测定其他生产性能项目时，应注意选取具有代表性的样点进行数据采集。

实验六　常见饲草标本的制作

一、实验目的和意义

饲草标本是解决饲草教学的有力手段之一。饲草标本可以更好地认识、了解饲草，不受区域性、季节性的限制；同时，饲草标本也便于保存饲草的形状、色彩，以便日后重新观察与研究。少数饲草标本也具有收藏的价值。通过对饲草标本的制作，更加深刻地了解饲草的植物学和生态学特性。

二、仪器和试剂

1. 仪器和用具

手持放大镜、旧报纸或草纸、镊子、台纸、标本夹、解剖剪、标签、针线、胶水、半透明纸、标本缸、电炉、烧杯(2 000 mL)、温度计、量筒等。

2.试剂和材料

试剂:醋酸铜、福尔马林等。

材料:各种饲草植株。

三、实验方法与步骤

1.蜡叶标本的制作

(1)选取材料　将从野外采集回来的标本立即进行处理。先将植物清洗干净,挑出同种植物中各器官较完备的植株,把多余、重叠的枝条进行适当修剪,避免相互遮盖。有的果实较大,不便压制,要剪下另行处理保存,确保材料与台纸大小相适宜。

(2)压制　对经过初步整理后的标本要进行压制。压制植物标本要用标本夹,压制时可把标本夹的一扇平放在桌子上,在上面铺几层吸水性强的纸(旧报纸或草纸),把标本放在纸上,并进行必要的整形,使花的正面向上,枝叶展平,疏密适当,使植物姿态美观,然后再盖上几层吸水纸,这样一层一层地压制,达到一定数量后,就将标本夹的另一扇压上,用绳将标本夹捆紧,放在干燥通风有阳光处晾晒。开始吸水纸每日早晚各换一次,2～3 d后可每日换一次,雨季要勤检查,防止标本发霉,通常一周左右,标本就完全干了。

(3)上台纸　压制好的干燥标本可用塑料贴纸将其贴在较硬的台纸上,位置要适当,植物的粗厚部分用针线钉牢在台纸上,以防脱落,并在台纸右下角贴上标签,然后加上半透明同台纸大小相同的盖纸,以保护标本,装入标本盒内。

(4)保存　保存蜡叶标本应有专柜,按类放好。为了防止发霉、虫蛀,柜子应放在干燥处,并在柜子里放置樟脑球等并定期检查。

2.浸制标本的制作

(1)将福尔马林用清水配成5%或10%的溶液,放于标本瓶(标本缸)中。

(2)将采集好的植物标本清洗干净,放入标本瓶(标本缸),浸泡在药液中即可。

(3)在标本瓶的外面贴上标签,注明植物标本的名称、特征及浸渍日期等。

四、注意事项

(1)浸制标本制作时,如标本内含有较多空气,不能在溶液中下沉,则可用玻片或其他瓷器等重物将植物标本压入浸渍药液中。

(2)制成的植物标本应放在阴凉无强光照射的地方保存。

五、思考题

(1)还有哪些方法可以制作不同种类的标本?
(2)浸制标本为什么可以长期保持牧草的颜色?

实验七　饲草中常见杂草的调查与识别

一、实验目的和意义

杂草是指生长在有害于人类生存和活动场地的植物,一般是指作栽培的野生植物或对人类无益的植物,杂草与饲草作物争光、争水和争肥,还成为作物病虫害的转寄或越冬寄主。杂草对饲草作物的危害是非常明显的,轻者可以导致饲草作物品质和功能的退化,重者可以彻底破坏整个饲草作物而造成严重的经济损失。因此,掌握和识别饲草中常见杂草的形态特征,对于了解主要饲草作物中杂草的发生与分布,深入研究各种杂草的生物学特性,识别主要杂草,更好地开展草地杂草防除等十分重要。

二、材料和用具

《杂草彩色图谱》、杂草标本、采集杖、钢卷尺、标本夹、标本纸、手持放大镜等。

三、实验方法与步骤

1.野外工作

在需要进行杂草调查的饲草田中,选定各种杂草,采集植物标本。采集时应仔细挖掘植物的地下部分,用水冲洗掉植物根部的泥土或杂质,夹到标本夹里,供室内鉴别观察。

2.室内工作

对采集的标本进行植物学特征的识别,对照《杂草彩色图谱》及所学植物学分类知识进行识别,观测植物的叶片、根、茎、花序、种子等各部分指标,填写到饲草中杂草调查记载表(表4)。

表 4 饲草中杂草调查记载表

地点： 时间： 采集人：

序号	叶片形状	叶鞘及叶舌	茎的形状	匍匐茎	根的形状	根茎	花序	种子的形状及颜色	植物名称	鉴定人
1										
2										
3										
⋮										

四、思考题

(1)试验地区饲草中的常见的杂草有哪些？

(2)简要阐述每类杂草的识别要点。

第三部分　饲草料加工贮藏与品质鉴定

分别介绍青干草、草粉、成型饲料、青贮饲料、秸秆饲料、叶蛋白和膳食纤维等饲草产品的生产加工技术及品质鉴定。对每一种饲草产品，均简要介绍其加工原理、加工方法和作业流程等，并着重饲草产品质量评价和科学贮藏。

实验八　常用饲草产品鉴定方法

常用的饲草产品鉴定方法有5种：感官检测法、化学检测法、动物试验法、微生物检测法、物理检测法。分别介绍如下：

一、感官检测法

1. 含义

通过人的感觉（包括味觉、嗅觉、视觉、触觉等）对草产品进行检测评价的方法。或是据草产品的外部特征（如颜色、形状、软硬度、气味等）直接作用于人体感觉器官所引起的反应进行草产品的检测的方法。

2. 优点

感官检测法具有简单、灵敏、快速、不需要专业器材等优点，能够被广泛地应用于生产实践。在感官法使用时，工作经验尤其重要，只有经验丰富的工作者才能将此方法运用自如。

3. 常用方法

（1）视觉　通过视觉可以直接观察到草产品的外观、形状、色泽、有无霉变、是否有虫、硬块、异物、夹杂物和均匀性等。

（2）味觉　通过舌舔和牙咬等味觉系统来检查味道和口感。

（3）嗅觉　通过嗅觉来鉴别具有特殊香味的草产品，并察看草产品有无霉臭、腐臭、氨臭和焦臭等异味。

（4）触觉　粉状的产品取在手上，用指头捻，通过感触来觉察其粒度的大小、硬度、黏稠性、有无夹物及水分的多少。成型或干草产品可以通过抓握感觉产品的质地。

4.感官鉴定的要求

平时应注意观察各种草产品，在充分了解和掌握各种草产品基本特征的基础上，才能做到快速、准确地判别原料和产品质量的优劣。

二、化学检测法

化学检测法是以饲草产品中物质的化学反应为基础应用化学试剂、借助分析仪器对饲草产品进行分析、检测和鉴定的方法，分定性分析法和定量分析法两种。

1.定性分析法

在草产品中加入适当的药品，根据发生反应的沉淀、颜色变化等判断草产品中是否含某种成分，是否有异物混入(各种成分有其独特的沉淀或颜色反应)。

这种方法简单、快速，易于掌握。例如：淀粉与碘化钾溶液反应，呈深蓝色，据此可以方便地鉴别试样中是否含有淀粉。间苯三酚与木质素反应呈深红色，据此可检出草产品中是否混有锯末、花生皮粉末、稻壳粉末等。碳酸盐(碳酸钙粉、贝壳、蟹壳)中加入稀盐酸，就会产生二氧化碳气泡。

2.定量分析法

对草产品中某种成分的含量进行准确测定的分析方法。

(1)容量法、比色法与重量法　这3种方法是常规成分分析最常用的方法。饲草产品中常规成分如粗蛋白质、粗脂肪、中性洗涤纤维、酸性洗涤纤维、粗纤维素、灰分、水分等。

(2)仪器分析法　维生素、有毒有害物质、添加剂和微量元素等在草产品中含量甚微，有时只有几百万分之一，甚至几亿分之一，多采用仪器分析法，包括紫外光谱法、可见分光光度法、气相色谱法、液相色谱法、薄层层析法、荧光分析法、原子吸收分光光度法和原子发射光谱法等。

3.其他方法

电化学分析法(如离子选择性电极法、极谱法、电导法等)、紫外光谱法、红外光谱法、质谱法、X-荧光分析法、放化分析法等检测技术也可以分析草产品中一些物质的含量。

4. 化学分析的趋势

近几十年来，由于科学技术的迅速发展，许多先进的科学技术已用于分析检测方法中，使分析方法仪器化，分析仪器计算机化、智能化和自动化，加速了检测分析的速度，提高了检测分析的灵敏度与准确度，减轻了操作者的劳动强度。

饲草产品常用的检测仪器有蛋白质自动分析仪、纤维素自动分析仪、水分自动测定仪等。20 世纪 80 年代以后生产的世界名牌分析仪器均包含有不同程度的计算机控制系统、数据处理系统、图像显示系统、打印系统等。2000 年以后的分析仪器几乎配备了计算机工作站，进一步提高了检测分析的灵敏度与准确性，极大地提高了工作效率。这些给饲草产品分析提供了许多准确、灵敏、可靠、安全、快速、简便的分析方法，有力地推动了草产品检测的发展。

近红外光谱(NIRS)分析技术是利用近红外漫反射光谱对草产品进行检测，是一种无损检测技术。近红外光谱技术不仅能测定草产品中的常规成分，如水分、粗蛋白质、粗纤维、粗脂肪和粗灰分，而且能测定饲草中的微量成分，如氨基酸、维生素和有毒有害物质。该技术本身在精度上不及化学分析法，分析的准确性主要受所用仪器、采用的定标方法、饲草品种等因素影响。

三、动物试验法

饲草产品是为满足畜禽的生理和营养需求而饲喂的，根据动物试验能够对草产品质量做出充分的鉴定。但是动物试验需花费大量劳力、时间与费用。

1. 实验方法

饲养试验：在生产条件下，用供测试的饲草产品饲喂畜禽，引起畜禽体重和生产性能的不同变化，据此来评定饲草产品营养价值的高低，也就是研究动物对试验草产品的反应程度。

消化试验：饲草产品被动物采食进入消化道后，经过物理、化学、生物学作用，一部分被消化、吸收，另一部分则以粪便的形式排出体外，粪便排出多少，直接影响饲料的营养价值。因此，可通过消化试验测定草产品营养物质的消化率，来评定草产品的营养价值。草产品的消化率越高，表明该草产品的营养价值越高；反之，饲草产品的消化率越低，其营养价值也越低。饲草产品营养物质消化率的高低受动物种类、品种、饲草品质及加工调制方法等影响。

代谢试验：草产品中的营养物质被消化吸收进入血液以后，一部分被动物利用合成体组织和动物产品，另一部分则未被利用经代谢后随尿排出体外，这些尿中未被利用的物质称为代谢废物。代谢废物越少，草产品的营养价值越高。因此，测定动物体内营养物质的代谢率较测定消化率能更准确地评定草产品的营养价值。

营养试验：一般用于估计动物对营养物质的需要和饲草产品营养物质的利用率。

适口性试验：饲草产品的适口性直接影响动物的采食量、增重及产奶量等。考察饲草产品的适口性对质量作进一步判定。

害毒比较试验：在营养研究中，如需考察有毒有害物质对动物的影响，可采用对比试验。

2. 实验动物

根据不同的实验目的，采用的实验动物有牛、马、绵羊、山羊、猪、鸡、兔、鱼、虾等，此外也有用豚鼠、白鼠等小动物做实验。采用动物试验法可对草产品质量作出充分鉴定。动物试验方法很多，通常有饲养试验、消化试验、代谢试验、适口性试验及有害程度比较试验等。

四、微生物检测法

对细菌与霉菌的检测是饲草产品检测的重要内容与重要方法之一。当饲草产品贮藏不当或时间过长，会导致各种细菌或霉菌繁殖，品质也随之降低。为保证饲草产品的质量，进行微生物学检查。经培养基培养后利用肉眼或显微镜观察，可确定微生物的种类和个数。根据检查结果来判断草产品的质量优劣，对于污染严重的饲草严禁饲喂畜禽。

1. 目的

确定菌属种类与草产品污染的程度，对草产品品质作出判断。

2. 操作程序

细菌和霉菌的检测主要步骤：容器的洗涤→灭菌消毒→培养基的制备→样品稀释液的制备→接种→培养→提纯分离→染色→镜检→菌落计数。

3. 检测内容

细菌检测的项目：包括细菌总数、大肠杆菌、沙门氏菌等的检测。

霉菌检测的项目：包括霉菌总数的检测、霉菌属的判断、黄曲霉素的检测等。

实验九　样品的采集

饲草产品检测样品是从待测的饲草产品中以科学方法采集获取的一定数量、具有代表性的部分，其采集过程称为采样。将获取的样品经过干燥、磨碎、混合等处理，以便进行理化分析的过程称为样品的制备。饲草产品样品的采集和制备是进行饲草产品成分检测与品质评价的重要步骤，决定了分析结果的准确性和客观性，对饲草产品产业水平的提高具有重要意义。

一、采样的目的

样品的采集是进行饲草产品检测的第一步。采样是从大量饲草产品中抽取一部分供分析使用，因此采样的目的就是获得具有代表性的样品，通过对样品理化指标的分析，客观反映受检饲草产品的品质。

二、采样的意义

用于分析的饲草产品样品总是少量的，但要依赖由此所得的分析结果，对大量草产品给以客观的评定。因此，所采集的样品一定要具有代表性。也就是说，这少量样品的组成一定要能代表大量饲草产品的平均组成。否则，无论我们选用的分析方法多么准确，仪器多么精密，都是毫无意义的。可见正确采样是至关重要的。

采样对于饲草产品检测乃至加工、利用等相关产业来说，具有重大意义，影响诸多方面的决策。具体表现在以下几个方面。

(1)正确选择饲草产品原料。

(2)选择饲草产品的供应商。

(3)接收或拒绝某种饲草产品。

(4)判断产品的质量是否符合规格要求和保证值。

(5)判断加工程度和生产工艺控制质量。

(6)分析保管贮存条件对产品质量的影响程度。

(7)保留每一批产品的样品，以备急需时用。

(8)分析测定方法的准确性和实验室(人员)之间操作误差的比较。

三、采样的要求

1. 样品必须具有代表性

受检饲草产品的容积和质量往往都很大，而分析时所用样品仅为其中的很小一部分。所以，样木采集的正确与否决定分析样品的代表性，直接影响分析结果的准确性。在采样时，应根据分析要求，遵循正确的采样技术，详细注明样品的情况，使采集的样品具有足够的代表性，使采样引起的误差减至最低限度，使所得分析结果能为生产实际所参考和应用。否则，如果样品不具有代表性，即使分析工作非常精密、准确，其意义都不大，有时甚至会得出错误结论。事实上，实验室提交的分析数据来源于所采集的样品。

2. 必须采用正确的采样方法

正确的采样应从具有不同代表性的区域取一定数量的份样或初次样品，然后把这些样品均匀混合成为整个饲草产品的代表样品，然后再从中分出一小部分作为分析样品用。采样过程中，做到随机、客观，避免人为和主观因素的影响。

3. 样品必须有一定的数量

不同的饲草产品要求采集的样品数量不同，主要取决于以下几个因素。

(1)水分含量　水分含量高，则采集的样品应多，以便干燥后的样品数量能够满足各项分析测定要求；反之，水分含量少，则采集的样品可相应减少。

(2)产品的均匀程度　产品的均匀度高，则采样量较少，反之，则必须增加采样量。

(3)平行样品的数量　同一样品的平行样品数量越多，则采集的样品数量就越多。

4. 采样人员应有高度的责任心和熟练的采样技能

采样人员应明白自己是监控草产品质量的“眼睛”，应具有高度的责任心。在采样时，认真按操作规程进行，不弄虚作假和谋取私利，及时发现和报告一切异常的情况。采样人员应通过专门培训，具备相应技能，经考核合格后方能上岗。

5. 重视和加强管理

主管部门、检测机构和生产企业必须高度重视采样和分析的重要性，加强管理。管理人员必须熟悉各种原料、加工工艺和产品，对采样方法、采样操作规程和所用工具作出相应规定，对采样人员进行培训和指导。

四、采样的基本方法

1.采样工具

采样工具是为了便于采集样品而不改变样品特性所使用的工具。在采集草产品时，可灵活选择采样工具，还可根据具体情况采用徒手结合工具采样的方式。对采样工具要求包括以下几种：

(1)能够采集草产品中的任何粒度的颗粒，无选择性。

(2)对样品无污染，如不增加样品中微量金属元素的含量，或引入外来生物或霉菌毒素。

(3)采集微生物检测样品时，采样工具和容器必须经过灭菌处理，并按无菌操作进行采样。

2.采样的步骤和基本方法

(1)采样的步骤

①采样前记录：采样前，必须记录饲草产品的相关情况，如生产日期、批号、种类、总量、包装堆积形式、运输情况、贮存条件和时间、有关单据和证明、包装是否完整、有无变形、破损、霉变等。

②份样：也叫初级样品或原始样品，是一次从一批产品中的一个点所取得的样品。是从生产现场(如田间、草地、仓库、青贮窖等)的一批受检的饲料或原料中最初采取的样品。份样应尽量从大批(或大数量)产品或大面积草地上，按照不同的部位即深度和广度来分别采取，然后混合而成。份样一般不得少于 2 kg。

③总份样：通过合并和混合来自同一批次产品的所有份样得到的样品。也叫混合样品。

④缩份样：也叫次级样品或送验样品，总份样通过连续分样和缩减过程得到的数量或体积近似于试样的样品，具有代表总份样的特征。一般不少于 1 kg。

⑤实验室样品：也叫分析样品，由缩份样分取的部分样品，用于分析和其他检测用，并能够代表该批产品的质量和状况。

(2)采样的基本方法　采样的方法随不同种类的饲草产品而不同。一般来说，采样的基本方法有两种：机械法、几何法和四分法。

①机械法：借助电动采样器等采样工具采集草产品的样品。机械采样时，先把饲草产品划分成批，每一批采集多个份样，形成混合样品。

②几何法:把一批产品看成一种具有规则的几何立体,如立方体、圆柱体、圆锥体等。取样时首先把该批产品分成若干体积相等的部分,这些部分应在整体中分布均匀,即不只是在表面或只是在一个面上分取。从这些部分中取出体积相等的样品,这些样品称为份样。把份样混合、缩分,即得实验室样品。几何法常用于采集份样和批量不大的原料。

③四分法:将样品平铺在一张平坦而光滑的方形纸或塑料布、帆布、漆布等上(大小视样品的多少而定),提起一角,使样品流向对角,随即提起对角使其流回,如此将四角轮流反复提起、移动混合均匀,然后将样品堆成等厚的正四方形体,用药铲、刀子或其他适当器具,在样品方体上划一"十"字,将样品分成 4 等份,任意弃去对角的 2 份,将剩余的 2 份混合,继续按前述方法混合均匀、缩分,直至剩余样品数量与测定所需要的用量相接近时为止。四分法常用于小批量样品和均匀样品的采样或从原始样品中获取缩分样品和实验室样品。也可采用分样器或四分装置代替上述手工操作,如圆锥分样器和具备分类系统的复合槽分样器等。

实验十　样品的制备

饲草产品检测样品的制备指将份样或缩分样经过一定的处理成为实验室样品的过程。

一、鲜样品的制备

在饲草产品分析中,某项目的测定需要采用新鲜样品。用四分法缩分得到的送验样品,再用粉碎机捣碎成浆状,混匀后即为新鲜分析样品。鲜样应立即进行分析,所得分析结果应注明是鲜样。

二、干样品的制备

干样是烘干、粉碎和混匀后制成的样品,可分为半干样品和风干样品。

1. 风干样品的制备

风干饲草是指自然含水最不高的饲草,一般含水量在 15%以下。风干样品的制备包括 3 个过程。

(1)原始样品的采集　原始样品的采集按照机械法、几何法和四分法进行。

(2)次级样品的采集　对不均匀的原始样品如干草、秸秆等,应经过一定处理如剪碎或捶碎等混匀,按四分法采得次级样品。

(3)分析样品制备　次级样品用样品粉碎机粉碎，通过 1.00～0.25 mm 孔筛即得分析样品。常用样品制备的粉碎设备有植物样本粉碎机、旋风磨、咖啡磨。其中最常用的有植物样本粉碎机和旋风磨。植物样本粉碎机易清洗，不会过热，即使水分发生明显变化，能使样品经研磨后完全通过适当筛孔的筛。旋风磨粉碎效率较高，但是粉碎过程中水分有损失，需注意校正。注意磨的筛网大小不一定与检验用的大小相同，粉碎粒度的大小直接影响分析结果的准确性。

干草等不易粉碎的样品在粉碎机中会剩余极少量，它们难以通过筛孔。这部分绝不可抛弃，应尽力弄碎(如用剪刀仔细剪碎)后一并均匀混入样品中，以免引起分析误差。粉碎完毕的样品 200～500 g 装入磨口广口瓶内保存备用，并注明样本名称、制样日期和制样人等。

2. 半干样品的制备

半干样品是由新鲜的饲草、青贮饲料等制备而成。新鲜样品含水量高，占样品质量的 70%～90%，不易粉碎和保存。除少数指标如胡萝卜素的测定可直接使用新鲜样品外，一般在测定饲草的初水分含量后制成半干样品，以便保存，供其余指标分析用。

干草等原始样品先用铡刀或剪子剪成长度不超过 5 cm 的小段，放入干燥的托盘中，在 60～70℃的烘箱内烘 8～12 h，然后回潮使其与周围环境条件的空气湿度保持平衡。含水量较高的青贮料可延长烘干时间，且每 2 h 翻动一次，注意在翻动过程中要将掉落在盘外的样品收集起来倒回托盘中，不要将其他杂物落入盘中，尽量减少操作过程中带来的误差。

半干样品的制备包括烘干、回潮和称恒重 3 个过程。最后，半干样品经粉碎机磨细，通过 1.00～0.25 mm 孔筛，即得分析样品。将分析样品装入磨口广口瓶中，在瓶上贴上标签，注明样品名称、采样地点、采样日期、制样日期制样人，然后保存备用。

三、其他样品的制备

1. 微生物检测用样品的制备

准确称取 5 g 饲草样品，溶于盛有 100 mL 无菌生理盐水的 250 mL 三角瓶中，振荡 30 min，静置 5 min，用无菌移液管吸取上清液置于离心管中(1 500～2 000 r/min)离心 5 min，取上清液为原液作梯度稀释。根据测试的微生物指标选择适当的梯度进行测试。

2. 仪器分析用样品的制备

现代饲草分析使用了大量的自动化分析仪器，如高压液相色谱仪、气相色谱仪、原子吸收光谱仪等。这些分析仪器在样品制备上有特殊的要求，使用时按照其要求制备样品。

实验十一　几种饲草产品样品的取样和制备

一、青贮饲料样品的取样和制备

1. 青贮饲料的样品采集

随着青贮科学技术的发展，目前已经形成多种青贮工艺，青贮容器各有特点。在青贮取样时结合不同青贮容器的特点，科学设置取样点，采取适宜的取样措施，获得代表性样品。在保证青贮原有性质的基础上，获取能够代表整个青贮窖的样品是青贮采样的前提。因此，大规模青贮窖的样品采集应该安排在开封后取用数日之后。另外，由于青贮壕的横断面接触空气，有时存在发霉变质，应剥除表面部分后再进行采样。当青贮窖不同部位的性状差异较大时，不应混合取样，而应对各部位分别采样分析。

(1)小型青贮容器的取样　采用青贮桶等小型青贮容器，在取样时需要把青贮饲料全部取出，充分混合后按四分法采集分析所需重量的样品。直径小于 1 m 的草捆青贮，如果条件允许，也需要在开封后用粉碎机将其全部粉碎至 1～2 cm，混合、缩分，进而获得所需数量的样品。不能全部粉碎的情况下，可采集代表性样品，并把采得的样品充分混合。

(2)草捆青贮的取样　草捆裹包青贮取样时，最为理想的做法是将开封后的草捆全部散开，用切短机将青贮饲料粉碎至 1～2 cm，然后混合、缩分，取得样品。当没有粉碎条件或取样后仍需继续贮藏或进行饲喂，无法总体获得样品时，可用取样器在纵向放置草捆的前、后、左、右 4 面的表层进行逐一采样，每一方向至少设置一个采样点，采样深度为 20～30 cm，混合、缩分获得样品。

如采集样品的草捆仍需继续贮藏，对采样后留下的洞，可用相同尺寸的木塞或干草塞紧，洞口四周喷洒丙酸等防霉剂，用拉伸膜修补胶带再次密封，可继续稳定贮藏。

(3)青贮塔的采样　青贮塔采集样品时，先将青贮塔按上、中、下分成数层，各层在一定间隔内采样数次，分别得到 50～100 kg，然后混合、缩分得到样品。

(4)水平青贮窖的采样　青贮壕等水平青贮窖开封后，将表面部分剥除约 50 cm，在横截面的水平和垂直方向分别设置 3 个以上取样位置，用采样器分别采集 2～3 kg，混合、缩分得到样品。另外，对于大型水平青贮窖，采集可以代表整窖的样品是非常困难的，需要每间隔数米进行一次采样。

2. 青贮饲料的样品制备

青贮饲料属于发酵饲料，其品质检验主要包括发酵品质和营养价值两个方面。样品的制备分为鲜样和干样两个部分。

新鲜的青贮样品采集后，需用冰盒等低温存放容器带回实验室。取样时间较长时，可暂时冷冻于冰箱内保存，集中带回实验室。为了测定 pH、挥发性脂肪酸等青贮发酵品质指标，需取新鲜的青贮饲料样品制成青贮浸提液。大体步骤是：取青贮饲料鲜样 20 g 剪碎，加入 180 mL 蒸馏水，匀质 1 min，先后用纱布和滤纸过滤，得到青贮浸提液。青贮浸提液可直接用于测定 pH 等，当对酸类成分进行分析时，需根据仪器使用要求对青贮浸提液进行必要的除杂处理。

二、干草样品的取样与制备

在存放干草的堆垛中选取 5 个以上不同部位的点采样(即采用几何法取样)，每点采样 200 g 左右。由于干草的叶子极易脱落，影响其营养成分的含量，采样时应尽量避免叶子的脱落，采取完整或具有代表性的样品，保持原料中茎、叶的比例。然后将采取的原始样品放在纸或塑料布上，剪成 1～2 cm 长度，充分混合后取分析样品约 300 g，粉碎过筛。少量难粉碎部分应尽量捶碎弄细，并混入全部分析样品中，充分混合均匀后装入样品瓶中，切记不能丢弃。

三、成型草产品样品的取样和制备

1. 成型草产品的取样

采用饲草为原料生产的成型草产品，采样方法可根据存放方式取样。不同存放方式下草产品的取样，可参照配合颗粒饲料的取样方法进行。

(1)散装　散装的成型草产品应在机械运输过程中取样，取样时，用探针从边缘 0.5 m 的不同部位分别取样，然后混合，即得原始样品。也可在卸车时用长柄勺、自动选样器或机械采样器等，间隔相等时间，截断落下的料流取样，然后混合得原始样品。

(2)袋装　用抽样锥随意从不同袋中分别取样,然后混合,即得原始样品。每批采样的袋数取决于总袋数、颗粒大小和均匀度,取样袋数至少为总袋数的10%,总袋数在100袋以下,取样不少于10袋;总袋数在100袋以上,每增加100袋需增加3袋。

取样时,用口袋探针从口袋的上、下两个部位采样;或将袋平放,将探针的槽口向下,从袋口的一角按对角线方向插入袋中,然后转动器柄使槽口向上,抽出探针,去除样品。

大袋的颗粒饲料在采样时,可采取倒袋和拆袋相结合的方法取样,倒袋和拆袋的比例为1∶4。倒袋先将取样袋放在洁净的样布上,拆去袋口缝线,缓慢地放倒,双手紧握袋底两角,提高约50 cm,边拖边倒,至1.5 m远全部倒出,用取样铲从相当于袋的中部和底部取样,每袋各点取样数量应一致,然后混匀。拆袋时,将袋口缝线拆开3～5针,用取样铲从上部去除所需样品,每袋取样数量一致。将倒袋和拆袋采集的样品混匀即得原始样品。

2.成型草产品的样品制备

成型草产品质量检测项目包括:容重、粉化率、硬度和含水量等。因此,将采集的样品经过缩分获得代表性的样品后,经简单的适宜处理即可进行试验测定。如测定密度时,将从制粒机出口采集的样品,经冷却后将两端磨平,即可作为测定密度的样品。

实验十二　叶蛋白饲料的提取

一、实验目的和意义

叶蛋白饲料又称绿色蛋白浓缩物(leaf protein concentration,简称LPC),是以新鲜牧草或青绿植物的茎叶为原料,经压榨后,从其汁液中提取出高质量的浓缩蛋白质饲料。

目前,我国蛋白质资源匮乏,开发蛋白质饲料资源已成为亟待解决的一个重要课题。青绿饲料来源广,富含高质量蛋白质,但纤维素含量高,适宜饲喂草食家畜,而猪、禽等单胃动物对青绿饲料蛋白质的利用率较低,而且青绿饲料容积大,冲淡了日粮的能量浓度,降低单胃动物的生产性能。如将青绿饲料的精华叶蛋白提取出来,作为猪、禽的高蛋白饲料,而把剩余的草渣作为反刍动物的饲料,此法两全其美,有着广阔的发展前景。利用牧草生产叶蛋白饲料,以其副产品草渣作为反刍动物的粗饲料，以其废液生产单细胞蛋白，是牧草深加工和综合利用的有效途径之一。

本实验的目的在于使同学们了解叶蛋白饲料的提取工艺，掌握叶蛋白饲料提取原理和提取步骤，增强对牧草加工业的了解。

二、仪器和试剂

1. 仪器和用具

多功能压榨机（或粉碎机）、细纱网或滤布、离心机、恒温水浴锅、烘箱、酒精灯、烧杯、试管、温度计等。

2. 试剂和材料

（1）试剂：NaCl、$NaHCO_3$。

（2）材料：苜蓿、三叶草、黑麦草、鸭茅、苋菜、牛皮菜、萝卜叶等。

三、实验方法与步骤

1. 原料采集

绿色牧草茎叶均可作为生产叶蛋白的原料。为了保证叶蛋白的产量和品质，在原料叶蛋白含量较高时及时收获，最佳收获时间：豆科牧草在现蕾期，禾本科牧草在孕穗期。且选择的原料应具备以下条件：叶中蛋白质含量高，叶片多，不含毒性成分，黏性成分少。另外，原料采集后应尽快加工处理，以免由于叶子本身的作用和微生物的污染而引起叶蛋白产量和品质下降。

2. 粉碎、打浆和榨汁

条件允许的情况下可采用集粉碎、打浆和榨汁于一体的多功能压榨机，也可采用普通的粉碎机打浆，打浆 3 次，为增加出汁量，可以在第 2、3 次打浆时加入 5%～10%的水分进行稀释，然后通过压榨机，将打好的浆状物挤压出汁液，并滤去遗漏的杂质。

3. 叶蛋白的凝聚

（1）热凝聚法　加热法是应用最早，最为普遍的一种絮凝方法。即把榨汁直接加热得到凝聚物，通过离心分离得到叶蛋白。经过滤后的汁液，放置水浴锅中加热，温度为 60～70℃，加热时间均为 2 min，快速冷却至 40℃滤出凝聚物，而后再置于水浴锅中加热至 80～90℃，并持续 2～4 min，滤出凝聚物。

(2)酸化法　利用蛋白质在等电点时变性沉淀的特性来分离粗蛋白质。即用盐酸将榨汁的 pH 调节至 4.0 左右直至产生叶蛋白沉淀，再通过离心分离和干燥得到粗蛋白质。

(3)发酵法　是在缺氧条件下，利用微生物(乳酸菌)产生发酵酸(以乳酸为主)作为沉淀剂，通过离心分离得到蛋白质沉淀物。分为直接发酵法和发酵酸法：直接发酵法是将过滤后的汁液及时与乳酸接种，放置于厌氧发酵罐内发酵 2 d，然后分离沉淀得到叶蛋白。发酵酸法是把预先发酵好的发酵液加入汁液中混合均匀，使蛋白质沉淀并分离。

(4)有机溶剂法　这种方法是向榨汁中加入有机溶剂(乙醇、丙醇等)，降低介电常数，使蛋白质沉淀析出，通过离心分离得到粗蛋白质沉淀物。

4.叶蛋白的分离

一般利用沉淀、倾析、过滤和离心等方法分离叶蛋白也可用细纱网或滤布来过滤分离叶蛋白凝聚物。

5.叶蛋白的干燥

分离出的叶蛋白粗产品含水量为 50%～60%，在常温下易发霉变质，可自然晾干或用鼓风干燥箱烘干(温度为 65～70℃，烘干 2 h)。自然干燥时可加入 7%～8%的食盐或 1%的氧化钙等，以防止浓缩物腐败变质。

6.叶蛋白的贮存

为了便于叶蛋白的保存，在打浆过程中还可加入一些防腐剂(如 NaCl，$NaHCO_3$ 等)来抑制外来菌的侵入，以免胡萝卜素及不饱和脂肪酸发生氧化，产生鱼腥味。

四、注意事项

采用普通的粉碎机打浆时，一般需要打 3 遍，为了能够提取更多的叶蛋白，在打第 2 遍和第 3 遍时可适当加入一些水。打浆研磨时不应研磨得特别细，过细不利于叶蛋白的生产。

五、思考题

(1)写出叶蛋白饲料的提取工艺及步骤。

(2)叶蛋白饲料提取工艺中，最关键环节是什么？

实验十三　青贮饲料调制

一、目的意义

使同学们掌握青贮饲料的制作过程、原理、技术要点，为推广和普及青贮饲料打下基础知识。

二、青贮原理及注意事项

青贮饲料是在厌氧条件下经过乳酸菌发酵调制保存的青绿多汁饲料。要使青贮成功，必须注意如下条件：

(1)青贮原料要含有一定的糖分。

(2)青贮原料含水要适宜。禾本科牧草的含水量以65%～75%为宜，豆科牧草以60%～70%为宜。

(3)创造缺氧的环境条件，抑制好氧性细菌的繁殖。

(4)创造适宜的温度条件。试验证明，青贮窖内的温度在20～30℃时青贮饲料的质量最好。

三、方法与步骤

(1)青贮容器的准备　制作青贮饲料的容器主要有四大类，即青贮窖(壕)、青贮塔、地面堆贮及青贮塑料袋等。按计划贮量、原料种类和数量，选择准备好相应的青贮容器。

(2)青贮牧草刈割　根据家畜的种类、牧草生育期，确定青贮原料的刈割期。牛及一般大家畜利用时，在牧草抽穗—开花期刈割，幼畜及猪利用时，在抽穗—开花前期刈割。总之，既要注意家畜的特点，又要考虑到牧草的质量与数量。

(3)切短　牧草刈割后，运送到青贮窖旁边，利用铡草机或铡刀，视其牧草种类、茎秆粗硬与柔软程度进行铡切。粗硬茎秆牧草，切碎长度为2～3 cm，系而柔软牧草5～6 cm为宜。

(4)装窖(壕)　原料经过及时刈割、铡短后，迅速装入容器内，逐层铺平压实，特别是容器的四壁与四角更应注意压紧。

(5)封口　窖装满后，可在上面再加上30～50 cm厚的一层草，以补填青贮料由于重力作用而下陷的空位。然后用塑料布或草席覆盖，再在其上面覆盖一层土，使中间突起呈拱形。在窖四周挖上适当的防水沟即可。当覆土由于青贮料下陷裂缝时,应及时覆土密封。

(6)青贮饲料的取用　青贮制作1个月后即可开始利用,从上到下分层取草,切勿全面打开,防止暴晒、雨淋、结冻,严禁掏洞取草。窖内每天取草厚度不应少于5 cm,取后及时覆盖草帘或席片,防止二次发酵,发霉变质的烂草不能饲喂家畜。

四、作业与讨论

(1)根据青贮饲料的调制编写实验报告。

(2)简述青贮饲料的制作原理。

实验十四　青贮饲料品质鉴定

一、目的意义

青贮饲料在饲用前或饲用中,都要对它进行品质鉴定,确保其品质优良之后方可饲用。

二、鉴定方法

青贮的品质鉴定分感官鉴定和实验室鉴定。启用时要作感官鉴定,必要时再作实验室鉴定。

1. 感官鉴定

青贮饲料品质感官鉴定是根据色、香、味和质地来判断。青贮饲料感官鉴定标准见表5。

表5　青贮饲料感官鉴定标准

等级	气味	酸味	颜色	质地
优等	芳香味重,给人以舒适感	较浓	绿或黄绿色,有光泽	湿润,松散柔软,不粘手,茎叶花能辨认清楚
中等	有刺鼻酒酸味,芳香味淡	中等	黄褐或暗绿色	柔软,水分多,茎、叶、花能分清
劣等	有刺鼻的腐败味或霉味	淡	黑色或褐色	腐烂、发黏、结块或过干、分不清结构

2. 化学分析鉴定

化学分析鉴定包括 pH、氨态氮和有机酸(乙酸、丙酸、丁酸、乳酸的总量和构成)可以判断发酵情况。

(1)pH(酸碱度)　pH 是衡量青贮饲料品质好坏的重要指标之一。实验室测定 pH，可用精密雷磁酸度计测定，生产现场可用精密石蕊试纸测定。优良青贮饲料 pH 在 4.2 以下，超过 4.2(低水分青贮除外)说明青贮发酵过程中腐败菌、酪酸菌等活动较为强烈。劣质青贮饲料 pH 在 5.5～6.0，中等青贮饲料的 pH 介于优良与劣等之间。

(2)氨态氮　氨态氮与总氮的比值是反映青贮饲料中蛋白质及氨基酸分解的程度，比值越大，说明蛋白质分解越多，青贮质量不佳。

(3)有机酸含量　有机酸总量及其构成可以反映青贮发酵过程的好坏，其中最重要的是乳酸、乙酸和丁酸，乳酸所占比例越大越好。优良的青贮饲料，含有较多的乳酸和少量醋酸，而不含酪酸。品质差的青贮饲料，含酪酸多而乳酸少。不同青贮饲料中各种酸含量见表 6。

表 6　不同青贮饲料中各种酸含量　　%

等级	pH	乳酸	醋酸		丁酸	
			游离	结合	游离	结合
良好	4.0～4.2	1.2～1.5	0.7～0.8	0.1～0.15	—	—
中等	4.6～4.8	0.5～0.6	0.4～0.5	0.2～0.3	—	0.1～0.2
低劣	5.5～6.0	0.1～0.2	0.1～0.15	0.05～0.1	0.2～0.3	0.8～1.0

三、作业与讨论

分别用感官鉴定法和化学分析鉴定法对制作的青贮饲料品质进行鉴定。

实验十五　半干青贮料的调制及品质检验

一、目的意义

使同学们掌握袋装半干青贮料的制作过程、原理、品质检验，以及与青贮料的异同点，为规模生产半干贮料提供基础知识。

二、材料和工具

(1)塑料袋若干个。质地厚实柔软,粘缝要严密不漏气。

(2)割草机一台或剪刀若干把。

(3)铡刀一个或剪刀若干把。

(4)塑料袋压边器一个,钢锯条若干。

(5)记录表格等具备,干料、甲酸备用。

三、制作原理

牧草刈割后晾晒风干至含水量为40%～55%时,此类干草的细胞渗透压可达到55～66个大气压(1个大气压$=1.013\ 25\times10^5$ Pa),因而使附着在植物体上的腐生菌、发酵菌、产生挥发性酸类的细菌,以致一些乳酸菌由于得不到植物体细胞供给的水分而造成生理干燥,其生命活动限制。另外,要使发霉的真菌受到生理干燥的威胁以至其生命活动需要植物体细胞的渗透压高达250～300个大气压,这只有在干草含水量在17%以下时才有可能,这是半干贮料永远达不到的。为此需要从另外的途径即真菌所必需的养料、水分、温度和空气四大生活条件着手给予限制。此四条件缺一即可限制其真菌的生命活动。在生产过程中,前3个条件较难控制,唯有造成缺空气的生活环境,最容易办到。只要在装窖或装袋时压紧挤实,不留空隙,就可排出空气造成缺氧的环境,抑制其真菌的生长、繁殖活动。

四、方法与步骤

(1)割草　在牧草营养物质最高时进行(禾本科牧草抽穗期,豆科牧草始花期),留茬高度5～6 cm。

(2)晾晒　刈割后的牧草就地晾晒4～5 h,然后拢集成行,一直晾晒至水分含量达50%～55%时为止。最好在30 h左右达到制贮要求的水平。

$$风干草含水量=100\%-\frac{原料重(kg)\times原料干物质含量(\%)}{风干草重量(kg)}$$

(3)铡切　将含水分达到50%～55%的风干草收集在调制场地,铡切成2～3 cm的草节。

(4)含水量调节　铡切的草节如果含水量高于60%时,可加适量的添加剂如干料或甲酸,或继续晾晒至要求标准。

(5)装袋(窖)密封　将达到要求的原料分层压紧装入塑料袋中,千万不要让草节刺破塑料袋，避免空气进入。有条件时可用抽气机抽掉袋内的空气，然后用塑料封边机、电烙铁或钢锯条(锯齿紧贴塑料)灼熨密封袋口即可。封装好的袋子要保存在阴暗干燥的房间或草棚内。

(6)1 个月后依表 7 标准进行品质评分鉴定。总分 16～20 分为第一级——极好;10～15 分为第二级——良好;7～9 分为第三级——满意;7 分以下为第四级——劣等。

五、品质鉴定

半干青贮料品质鉴定评分表见表 7。

表 7　半干青贮料品质鉴定评分表

豆科　禾本科牧草(豆科含量不少于 55%)	评分
粗蛋白质含量(占干物质%)	
>14.5	6
14.5～12.0	4
11.9～10.9	2
<10.9	0
粗纤维含量(占干物质%)	
<25	4
25.1～27.0	3
27.1～29.0	2
29.1～31.0	1
>31.0	0
胡萝卜素含量(每千克干物质含毫克数)	
>100	3
99～60	2
59～40	1
39～20	−5
19～0	−7
酪酸(游离的和结合的酪酸占游离酸的%)	
0～4.0	4
4.1～8.0	2
8.1～14.0	0
>14.0	−8

六、作业与讨论

(1)根据半干青贮的制作过程编写实验报告。

(2)讨论青贮饲料和半干青贮的异同点。

实验十六 氨化秸秆的制作及品质鉴定

一、目的意义

使同学们掌握秸秆氨化处理的过程、原理、品质检验。

二、原理

进行秸秆氨化常采用尿素、碳氨、氨水和液氨(无水氨)等原料作氨源。氨与秸秆中的纤维素发生氨解反应,打开纤维素中连接木质素与多糖之间的酯链,使难以消化的纤维素变成易于消化的物质,从而提高了秸秆的消化率。

三、材料及用具

1.采用液氨处理

(1)液氨 按处理秸秆的3%备料,用高压钢瓶装。

(2)秸秆 麦秸或稻草,铡短至6~8 cm。

(3)通氨气导管 准备长2~3 m、直径2~2.5 cm的金属管或硬质塑料管两条,在管壁每隔10~15 cm钻小孔,导管的长短与预计的垛长长度同。

(4)密封堆垛 用塑料膜厚为0.2 mm的聚乙烯材料黏接成整块,其面积大小以足够将预计的堆垛从上到下包容。

2.采用氨水或尿素处理

(1)氨水 按秸秆量1∶1准备(3%浓度的氨水);或浓度为25%的氨水按100∶12准备;或浓度为15%的氨水,按100∶20准备,用氨水处理秸秆会带来环境污染。

(2)喷洒用具 塑料喷壶或喷雾器。

(3)操作者的防护装备 胶鞋、口罩、胶手套、工作服、风镜等。如选用固体尿素则按秸秆用量的4%准备。免去使用喷洒用具和操作者的防护装备。

(4)塑料膜　规格和用量同液氨处理。

四、方法及步骤

1. 尿素氨化

采用地面堆垛法，要选择平坦场地，并在准备堆垛处铺好塑料布，采用氨化池氨化需提前砌好池子，并用水泥抹好。将风干的秸秆用铡草机铡碎，或用粉碎机粉碎，并称重。称取秸秆重4%～5%的尿素，然后用温水溶化，配成尿素溶液，用水量为风干秸秆重量的60%～70%。将尿素溶液加入秸秆中，并充分搅拌均匀，然后装入氨化池或堆垛，并踏实。最后用塑料布密封，四周用土封严，确保不漏气。

2. 碳铵氨化

碳铵氨化的方法步骤与尿素氨化安全相同。只是两者的用量有所差别，一般每100 kg风干秸秆可以用碳铵15～16 kg。

3. 氨水氨化

利用氨水氨化秸秆，需提前准备好氨水，并计算好用量。若氨水含N量为15%，其含氨量为18.15%，每100 kg风干秸秆用15 kg氨水即可。将氨水稀释3～4倍，即100 kg风干秸秆加入60～70 kg稀释好的氨水，经充分搅拌均匀后，便可堆垛或装池密封。

4. 液氨(无水氨)氨化

将秸秆铡碎，称重，调整秸秆含水量为30%～50%。也可将秸秆打成15 kg的小捆。将拌湿的秸秆装池或堆垛，并用塑料布密封，四周用土或泥压严密，严防漏气。在预定充氨点插入氨枪，当充氨量达到秸秆物质的3%时，停止充氨，并立即用胶膜封好充氨孔。

5. 开封时间及注意事项

当外界气温在30℃以上时，经10 d即可开封饲喂，气温在20℃以上，需20 d，气温在10℃以上时，需经30 d，气温在0～10℃时，需经60 d才能开封饲喂，开封之后要适当通风散发氨气，饲喂前先让家畜饥一顿，然后混合常规精料进行饲喂，由少到多，饲喂1周后可达全量。

五、品质鉴定

氨化秸秆在饲喂之前应进行品质检验，以确定能否饲喂家畜。

(1)质地　氨化秸秆柔软蓬松，用手紧握没有明显的扎手感。

(2)颜色　不同秸秆氨化后的颜色与原色相比都有一定的变化。经氨化后的麦秸颜色为杏黄色，未氨化的麦秸为灰黄色；氨化的玉米秸秆为褐色，其原色为黄褐色。

(3)pH　氨化秸秆偏碱性，pH 为 8.0 左右；未氨化秸秆偏酸性，pH 为 5.7 左右。

(4)发霉状况　一般氨化秸秆不易发霉，因加入的氨有防霉杀菌作用。有时氨化设备封口处的氨化秸秆有局部发霉现象，但内部秸秆仍可饲喂家畜。若发现大部分氨化秸秆饲料发霉时，则不能用于饲喂家畜。

(5)气味　一般成功的氨化秸秆饲料有糊香味和刺鼻的酸味。氨化玉米秸秆味道略有不同，既具有青贮的酸香味，又具有刺鼻的氨味。

六、作业与讨论

(1)根据氨化秸秆的过程编写实验报告。

(2)讨论氨化秸秆的品质及饲喂注意事项。

实验十七　青干草的调制

一、目的意义

通过制作优质青干草，使学生掌握优质青干草的调制方法，同时让学生了解调制优质青干草原料的最佳刈割期。

二、材料与用具

(1)需要调制的牧草。

(2)割草机一台或镰刀若干把。

(3)搂草机一台或耙子若干把。

(4)铁(木)叉若干把。

(5)运输工具——拖拉机或畜力车。

(6)测定水分的恒温干燥箱、普通天平或台秤或手提秤、记录表格与干燥架等。

三、方法及步骤

牧草干燥调制的方法很多,根据干燥方法的不同,主要分为两类:自然干燥法和人工干燥法。前者是利用太阳能和风力达到干燥的要求,其特点是不需要特殊的设备,调制技术简单,成本低廉,应用广泛,但干燥时间较长,牧草营养成分损失大。后者是利用燃料能或电能与机械能达到干燥的要求,其特点是需要特殊的设备,成本高,应用有局限性,但干燥时间短,营养物质损失少,生产效率高。本实习拟选用几种干燥法进行干草调制练习。

1.压裂茎秆法

用茎秆压扁机将草茎纵向压裂,可缩短干燥时间,并使干燥均匀,营养损失少,此法最适宜于豆科牧草及杂类草。近年来国外用硬质塑料刷代替机械的金属元件穿刺茎秆效果亦很好。

2.豆科牧草与作物秸秆分层压扁法

这种方法是将豆科牧草适时刈割,把麦秸和稻草铺在场面上,厚约 10 cm,中间铺鲜苜蓿 10 cm 厚,上面再加一层麦秸或稻草,然后用轻型拖拉机或其他镇压器进行碾压,直到苜蓿草大部分水分被麦草或稻草吸收为止。最后晾晒风干、堆垛,垛顶抹泥防雨即可。此法调制的苜蓿干草呈绿色,品质好,同时还能提高麦草、稻草的营养价值,适合于小面积豆科牧草的调制。

3.翻晒草垄法

高产刈割草地,由于草较厚易造成摊晒不均,需在割草后进行翻晒,一般翻晒2次为宜,豆科牧草最后一次翻晒含水量应不低于40%～50%,即叶片不宜折断时进行。生产上常用的双草垄干燥法是将刈割的牧草稍加晾晒,然后用搂草机的侧搂耙搂成双草垄,经过一定程度干燥后,把两行合为一行。

4.适时荫干及常温鼓风干燥法

(1)草堆或草棚风干　即当牧草水分含量降到30%～40%时,应及时聚堆、打捆进行荫干,或在草棚内风干。打捆干草堆垛时要留有通风道以便加快干燥。

(2)牧草常温鼓风干燥　即把刈割后的牧草在田间预干到含水量50%左右时,置于设有通风道的干草棚内,用鼓风机或电风扇等吹风装置进行常温吹风干燥。

5. 草架干燥法

此法可加速牧草的干燥速度，干草品质好，适用于人工种植的牧草和高产天然打草场。具体操作方法是把割下的牧草在地面干燥 0.5～1 d，使其含水量降至45%～50%，然后自下而上逐层堆放，或打成直径 20 cm 左右的小捆，草的顶端朝里，并避免与地面接触吸潮。

6. 高温人工快速干燥法

将牧草置于烘干机中，通过高温使牧草迅速干燥，可保持青饲料养分的 90%～95%。此外，利用太阳能干燥装置预热空气，加快豆科牧草的干燥速度，可使青干草的饲用价值提高 6%～8%。近年来，利用化学药剂加速豆科牧草的干燥速度，也取得了很好的效果，如内蒙古农牧学院利用 K_2CO_3 1.5%、$NaHCO_3$ 1%、$CaCO_3$ 2%，于刈割前一天喷洒苜蓿。试验表明，$NaHCO_3$ 在加速干燥速度、减少叶片脱落和营养损失方面效果最好。

7. 低温条件下调制冻干草

其方法是首先调节牧草和饲料作物的播种期，使其在霜冻来临时进入孕穗至开花期，霜冻后 1～2 周内进行刈割，刈割后的草垄铺于地面冻干脱水，不需翻转，当其含水量下降至 20%以下时，即可拉运堆垛。此方法即避开了雨季的影响，又避开了打草季节劳动力不足的矛盾，而且调制的冻干草适口性好，色绿味正，有利于叶片、花序和胡萝卜素的保存。

四、作业与讨论

(1)根据青干草的调制过程编写实验报告。
(2)同学们分析自己家乡青干草的制作方法和课本讲的有何区别？

实验十八　青干草的品质鉴定

一、实验目的

通过对青干草的品质鉴定，让学生了解不同品质的青干草差异。

二、实习材料和用具

(1)需要鉴定的牧草。

(2)恒温干燥箱、普通天平(台秤或手提秤)、记录表格与干燥架等。

三、干草品质检验原理

1. 干草品质的感官评价

对干草进行感官评价可以大概了解其质量。感官评价主要有以下几个方面：

(1)牧草种类　根据干草中主要组成草种及其含量，以及所含杂草和有毒有害植物的情况可以大致了解牧草的品质。

(2)成熟度　牧草成熟度是影响其品质的一个很重要因素，这很容易进行感官判断。抽穗(孕蕾)和开花的多少，茎秆硬度和纤维化程度是决定牧草品质的指示指标。

(3)叶片数量　叶片数量非常重要。叶片多少因牧草种类、成熟度和收获过程中的损失(尤其是豆科牧草)而异。

(4)柔软度　柔软度很重要，因为相对于脆碎干草，柔软的草更有利于动物采食。即使脆碎的干草有营养价值，但如果动物采食困难，最终还是会降低采食量。早期收获的牧草由于叶片含最多，而且水分含量适宜，因而较柔。粗糙或易折断的干草摸起来十分干燥和多茎。极其粗劣的干草会损伤动物的采食器官，降低采食量。

(5)色泽　良好的色泽有助于干草的销售。色泽并不代表其品质，但可以反映出收获过程中的状况。颜色深绿的干草，表明牧草晾晒时间很短或经过快速干燥，并且贮藏过程中保存良好。干草遭雨淋后，颜色会变浅。茎叶上生长的霉菌和太阳暴晒也会使干草颜色变浅。草捆的水分含量超过 20%会导致草捆发热，使干草颜色变为棕褐色、褐色或黑色，也就是常说的“烟草”。

(6)气味　悦人的气味表明干草晾晒或烘干良好。干草在水分含量 14%以上进行贮藏可能出现腐臭味和霉味，动物通常会拒绝采食这些干草。牧草高水分打捆后易引起过热(大于 52℃)而产生牛糖焦味。有趣的是，动物却喜欢采食这些品质已经下降的牧草。

(7)污染　干草所受的污染来自泥土、毒菌、灰尘和腐臭味。

(8)杂质　感官检查很容易发现大的杂质(异物)。树枝、石块、碎布、线头、动物尸体、钉子等都被发现过。动物尸体可以引起波特淋菌中毒，这是一个致命的疾病。

2. 实验室分析

实验室分析可以反映牧草品质的总体情况。测定的内容一般包括干物质

(DM)、粗蛋白质(CP)、中性洗涤纤维(NDF)和酸性洗涤纤维(ADF),有时也测定灰分含量,当怀疑牧草受到热损害时,可以测定酸性洗涤不溶性氮(ADIV)的含量。其他测定结果如可消化能、可消化蛋白、净能、总可消化养分和推荐日粮标准等都是通过计算得出的。

(1)干物质　干物质是除去水分的部分。饲草的营养成分通常以干物质为基础,以便于不同饲草料之间的比较和配制日粮,而且在价格和营养价值衡量时也以干物质为基础。干物质含量只是一种数量,而并不表示质量。草产品干物质很高(水分极少),易被折断和落叶;相反则容易滋生毒菌和发热变坏。干物质计算公式:

$$DM=100\%-水分(\%)$$

(2)洗涤纤维分析　中性洗涤纤维和酸性洗涤纤维经常用来对草产品进行纤维含量分析。用中性洗涤溶液和酸性洗涤溶液煮牧草样品后,剩下的部分分别是中性洗涤纤维和酸性洗涤纤维。中性洗涤纤维是植物的细胞壁部分,由难消化和不能被消化的植物纤维(主要是半纤维素、纤维素和木质素)组成。随中性洗涤纤维上升,动物自由采食量一般呈下降趋势。然而,一旦日粮中中性洗涤纤维过低,会引起动物健康问题(如酸中毒和瘤胃功能紊乱)的发生。中性洗涤纤维常用来估计采食量和进行日粮平衡。酸性洗涤纤维是中性洗涤纤维的一部分,主要由纤维素和木质素组成。酸性洗涤纤维与饲草消化率具有很强的负相关,常用来计算消化率。随着酸性洗涤纤维含量的上升,饲草的品质下降。

(3)粗蛋白质　蛋白的类型和数量在动物日粮中是很重要的一个指标。使用粗蛋白质的原因是因为反刍动物的瘤胃能将非蛋白氮转化成微生物氮加以利用,但在非反刍动物或含有较多硝酸盐的饲草中使用这一指标时需要慎重。

粗蛋白质(CP)与总氮(N)的关系为:

$$CP=N\%\times 6.25$$

(4)酸性洗涤不溶性氮　这个指标用来反映瘤胃和肠道中未消化的氮的量,而这些氮通常是干草或青贮饲料过热引起的。少量酸性洗涤不溶性氮是有益的,它可以增加过瘤胃蛋白的数量,但数量过多则降低了总氮的供给。

(5)计算所得指标

①总可消化养分:从酸性洗涤纤维计算得来,是牧草中能被反刍动物消化的部分,也就是不可消化粗蛋白质(DCP)、可消化粗脂肪(DF)、可消化非结构性碳水化合物(DNSC)和可消化中性洗涤纤维(DNDF)的总和。

②相对饲用价值:相对饲用价值(RFV)是可消化干物质(DDM) 和干物质采

食量(DMI)估计出来的一个牧草品质指数。

(6)干草的质量标准　品质优良的苜蓿干草产品，相对饲喂价值应该在150以上。简单可行的办法是把握20-30-40法则，即：粗蛋白质要高于20%，酸性洗涤纤维要小于30%，中性洗涤纤维要小于40%，此时即可确保干草品质优良。表8是豆科牧草干草质量的化学指标及分级。

表8　豆科牧草干草质量的化学指标及分级

(中华人民共和国农业行业标准，NY/T 1574—2007)

质量指标	等级			
	特级	一级	二级	三级
粗蛋白质/%	＞19.0	＞17.0	＞14.0	＞11.0
中性洗涤纤维/%	＜40.0	＜46.0	＜53.0	＜60.0
酸性洗涤纤维/%	＜31.0	＜35.0	＜40.0	＜42.0
粗灰分/%	＜12.5			
β-胡萝卜素/(mg/kg)	≥100.0	≥80.0	≥50.0	≥50.0

注：各项理化指标均以86%干物质为基础计算。

四、干草品质检验方法

干草的品质主要根据干草的颜色、气味、含水量、适口性、植物学成分、茎叶比、调制干草时植物的生育期等综合性指标全面评定，用百分制分为五级(表9)。

具体如下：

(1)叶量　叶量、花序及嫩枝多，干草品质好，反之则差。

(2)颜色　干草的基本颜色应为绿色，颜色越绿，表示牧草幼嫩，收割及时，营养物质损失少；颜色越淡或枯黄或发黑，表示牧草收割晚、粗老、发霉、干草品质差或变坏。

(3)刈割时牧草的生育期　反应牧草的产量与质量，收割按时，量质俱高。收割早，质好而影响产量，反之量高而质差。

(4)植物学成分　豆科牧草占比重大，表示品质优良，禾本科、莎草科比重大，表示品质中等，其他高大杂类草比重大，表示属下等。测定方法：在草垛中分20处取样，混合均匀取5 kg左右，分科测定其百分含量，进行比较。

(5)水分　干草的水分应为15%～17%。可用化学分析法测定；经验法测定：抽一束干草贴于面颊不觉凉爽而湿热，好像五水分的木片一样；抖动草束有清脆的沙沙声；将草揉搓成草辫时草茎劈开而不折断，松开手时草辫易松散，具弹性，表示干草含水量在15%～17%；干草含水量高于17%时，抖动无沙沙响声，有冰凉潮湿感觉，搓成的草辫松手后，松散慢，无弹性。干草含水量低于15%时，揉搓易折断，不能搓成草绳，搬运时叶片和幼嫩枝易脱落。

(6)气味　优良干草应具备甘甜味，有霉味或其他异样味，表示干草品质差。

(7)毒草杂物　毒草不应超过10%，杂物如沙砾、铁屑等硬物不许有。

表9　干草品质检验及评分标准

项目	评分	级 科	A	B	C	D	E	备注
叶	20	禾本科	60%以上	59%～40%	39%～20%	19%～10%	9%以下	取样 5～100 g 按重量测茎叶比
		豆科	50%以上 (20)	49%～35% (15)	34%～20% (10)	19%～10% (5)	9%以下 (2)	
颜色绿度	20	—	80以上 (20)	70～60 (18) (15)	50～40 (13) (10)	39～25 (7) (3)	0 (0)	色以早春萌发时的绿度为100，干枯为0
刈割时植物的生育期	15	禾本科	生长期 (40 cm下)	生长期 (41～60 cm)	孕穗～ 始穗期	盛穗～ 开花期	开花末期～ 结实期	混播草地以主要草种来判断；禾本科的草高以刈割后的干草高度来记
		豆科	生长期～ 现蕾期 (15)	1/10开花 (12)	1/5～1/2 开花 (8)	盛花期 (4)	开花末期～ 结实期 (1)	
豆科牧草比例	10	—	60%以上 (10)	59%～40% (8)	39%～20% (5)	19%～10% (3)	9%以下 (0)	按重量计
水分	10	—	16%以下 (10)	AC之间 (8)	稍高18% (5)	CE之间 (3)	粗硬 (1)	使用时干草的水分含量
气味	10	—	无霉腐、 有香味 (10)	AC之间 (8)	有少量霉 腐味 (4)	CE之间 (3)	霉腐味 (0)	
触感	10	—	柔软有 弹力 (10)	AC之间 (8)	稍具柔软 性弹力差 (5)	CE之间 (3)	粗硬无 弹力 (1)	
混入的杂物	5	—	无 (5)	1%以内 (4)	2%～3% (4)	4%～5% (2)	10%以上 (0)	
评分合计	5	—	100～81	80～56	55～31	30～5	4分以下	

四、作业与讨论

(1)根据青干草的品质鉴定编写实验报告。
(2)思考同学们所在农村牧区的青干草品质如何,并分析其原因。

实验十九　草捆质量与安全检测

一、草捆概念及检测重要性

由于散干草运输过程中的局限,需要将干草初步加工制成草捆进行运输和销售。按照《草业大辞典》释义:“草捆原意为由玉米干草捆成的草捆,立于田间便于干燥。现通用于各种牧草草捆。”随着草产品加工业的飞速发展,草捆是生产与贸易中的主要草产品。据统计,2008 年我国草产品结构中 77%左右的草产品为草捆。

草捆质量安全是指草产品质量符合保障饲喂动物的健康、安全的要求。草捆质量与安全的内涵有广义和狭义之分。广义的草捆质量与安全包括草捆数量保障和质量与安全。狭义的草捆质量与安全,是指草捆满足动物对养分含量的需要和产品属性的要求,以及在生产加工过程中所带来可能对人、动植物和环境产生危害或潜在危害的因素,如重金属污染、亚硝酸盐积累等。常见的草捆质量与安全检测主要涉及狭义的内涵。

1. 草捆质量与安全检测能够提供草捆产品检测的标准

通过草捆质量与安全检测体系的逐步建立,完善草捆质量安全检测标准,保障草捆产业化的良性发展。在该体系与标准的框架下,能够使草捆在生产、经营、消费等环节按质论价。

2. 草捆质量与安全检测可以促进生产者提供品质优良的草捆

基于不同品质草捆价格的差异,通过宏观引导科学栽培管理、加工、贮藏,促进生产者提供品质优良的草捆。从源头促进生产者选择或培育高产、优质饲草种或品种,采用系统合理的耕作、栽培、灌溉、施肥、病虫杂草防治等田间管理措施,配套以科学合理的收获、贮藏、加工作业措施,保障优质草捆产品的供应。

3. 草捆质量与安全检测可以科学指导消费者合理利用草捆

在草捆的实际消费过程中,受畜群种类、生产用途、生产水平等因素影响,各畜群的饲养方式、饲喂量、饲养标准、日粮标准等均有所不同。考虑畜禽个体及每批次草捆的采食量、利用率和转化率的差异，通过草捆的质量检测与评价，分析不同种类、不同批次草捆的营养成分，确定合理的日粮标准和饲喂量，从而有效提高饲喂利用率，降低饲养成本。反过来，草捆产品的质量不同，其饲喂效果也相差较大。不同品级的草捆，其养分含量、养分可利用程度等存在显著差异。

4.草捆质量与安全检测技术体系有助于培育草产业市场

以草捆为主要饲草产品的市场，在国内外都具有十分重要的地位。草捆贸易主要表现为以我国和东南亚其他国家为主的需方市场；以美国、加拿大和澳大利亚等为主的供方市场。从美国等地生产的草捆，运输至主要的消费市场，距离较远。我国虽然有较为优越的地缘优势，但是生产的草捆品质无法满足进口国的质量标准。通过建立健全草捆质量与安全检测体系与标准，可以逐步提升我国草捆产品的质量，满足国际市场或国内市场的要求，从而培育良性的草业市场。

5.草捆质量与安全检测可以保障畜牧业、食品业等的安全生产

随着草捆产品在国际市场的流通，草捆的检验检疫引起了企业和相关部门的广泛关注。为保障各国畜牧业、食品业等行业的安全生产，必须构筑完善的检验检疫制度。草捆质量与安全检测体系与标准的建立，可以根据国内外草捆产地与运输环节，对草捆产品的质量安全进行监管。

二、草捆质量分级

随着饲草产品市场的不断扩大，草捆成为干草生产和贸易的重要产品，其质量优劣对于满足家畜营养需求、规范市场贸易以及实现优质、优价具有积极意义。草捆质量等级的科学评价，可以参考相应的干草质量分级标准，利用各种检测技术，对草捆质量进行相应等级的判断。

1.豆科草捆质量分级

(1)豆科牧草干草质量分级　农业行业标准《豆科牧草干草质量分级》(NY/T 1574—2007)规定，豆科牧草干草质量按照感官指标、物理指标和化学指标进行评价。

①感官指标：感官评价包括干草色泽、气味、收获期3项指标。

②物理指标：物理指标包括水分、杂草、叶量、异物4项。

③化学指标：化学指标包括粗蛋白质、中性洗涤纤维、酸性洗涤纤维、粗灰分和胡萝卜素5项。

④豆科牧草干草质量等级划分：根据感官和物理指标将豆科牧草干草质量分成特级、一级、二级、三级四个等级（表10）。另外，按照化学指标对豆科牧草干草进行质量评价，根据干草粗蛋白质、中性洗涤纤维、酸性洗涤纤维、粗灰分和胡萝卜素的含量变化，也可将干草质量分成特级、一级、二级、三级四个等级（表11）。

表10　豆科牧草干草质量感官和物理指标及分级

指标	等级			
	特级	一级	二级	三级
色泽	草绿	灰绿	黄绿	黄
气味	芳香味	草味	淡草味	无味
收获期	现蕾期	开花期	结实初期	结实期
叶量/%	50～60	49～30	29～20	19～6
杂草/%	<3.0	<5.0	<8.0	<12.0
含水量/%	15～16	17～18	19～20	21～22
异物/%	0	<0.2	<0.4	<0.6

表11　豆科牧草干草质量的化学指标及分级

质量指标	等级			
	特级	一级	二级	三级
粗蛋白质/%	>19.0	>17.0	>14.0	>11.0
中性洗剂纤维/%	<40.0	<46.0	<53.0	<60.0
酸性洗剂纤维/%	<31.0	<35.0	<40.0	<42.0
粗灰分/%	<12.5	<12.5	<12.5	<12.5
β-胡萝卜素/(mg/kg)	>100.0	≥80.0	≥50.0	≥50.0

注：各项指标均以86%干物质为基础计算。

⑤干草质量等级判定：豆科牧草干草质量等级的最终判定可以采取综合判定、分类别判定和单项指标判定3种方式。

a.综合判定：抽检样品的各项感官指标和理化指标均同时符合某一等级时，则判定所代表的该批次产品为该等级；当有任意一项指标低于该等级标准时，则按单项指标最低值所在等级定级。任意一项低于该等级标准时，则判定所代表的该批次产品为等级外产品。

b.分类别判定：豆科牧草干草质量按感官质量或理化质量单独判定等级。

c.单项指标判定:豆科牧草干草某一项(或几项)质量指标所在的质量等级,判定为该产品在该项(或几项)指标的质量等级。

(2)苜蓿干草捆质量　在农业行业标准《苜蓿干草捆质量》(NY/T 1170—2006)规定了以苜蓿干草为原料生产作为动物饲料的草捆质量检测方法、分级判别规则。其中也采用了感官指标、物化指标。

①感官指标:苜蓿干草捆质量评价的感官指标包括气味、色泽、形态和草捆层面 4 项。

②理化指标:理化指标包括粗蛋白质、中性洗涤纤维、杂类草、粗灰分和水分 5 项。

③苜蓿干草捆质量等级划分:在标准中只对感官指标进行了描述说明,却没有明确的等级划分。依据理化指标对苜蓿干草捆质量进行评价和等级划分,根据粗蛋白质、中性洗涤纤维、杂类草、粗灰分和水分变化,将苜蓿干草质量分成特级、一级、二级、三级 4 个等级(表 12)。

表 12　苜蓿干草捆质量分级

质量指标	等级			
	特级	一级	二级	三级
粗蛋白质	≥22.0	≥20.0,<22.0	≥18.0,<20.0	≥16.0,<18.0
中性洗剂纤维	<34.0	≥34.0,<36.0	≥36.0,<40.0	≥40.0,<44.0
杂类草含量	<3.0	≥3.0,<5.0	≥5.0,<8.0	≥8.0,<12.0
粗灰分	<12.5	<12.5	<12.5	<12.5
水分	≤14.0	≤14.0	≤14.0	≤14.0

④苜蓿干草捆质量等级判定:苜蓿干草捆质量等级的最终判定应依据以下原则:

a.感官指标符合要求后,再根据理化指标定级。

b.除水分和粗灰分外,产品按单项指标最低值所在等级定级。

c.感官指标不符合要求或有霉变或明显异物的为不合格产品。

2.禾本科牧草干草质量分级

农业行业标准《禾本科牧草干草质量分级》(NY/T 728—2003)规定了禾本科牧草干草的质量指标和分级要求。主要依据饲草粗蛋白质和水分的含量以及外部感官性状来划分等级。

(1)理化指标 根据干草粗蛋白质和水分含量的变化,将禾本科干草质量分为特级、一级、二级、三级 4 个等级(表 13)。

表 13 禾本科牧草干草质量分级

质量指标	等级			
	特级	一级	二级	三级
粗蛋白质/%	≥11	≥9	≥7	≥5
水分/%	≤14	≤14	≤14	≤14

(2)感官性状 按照干草外部感官性状,将禾本科干草质量分为特级、一级、二级、三级 4 个等级。

①特级:抽穗前刈割,色泽呈鲜绿色或绿色,有浓郁的干草香味,无杂物和霉变,人工草地及改良草地杂类草不超过 1%,天然草地杂类草不超过 3%。

②一级:抽穗前刈割,色泽呈绿色,有草香味,无杂物和霉变,人工草地及改良草地杂类草不超过 2%,天然草地杂类草不超过 5%。

③二级:抽穗初期或抽穗期刈割,色泽正常,呈绿色或浅绿色,有草香味,无杂物和霉变,人工草地及改良草地杂类草不超过 5%,天然草地杂类草不超过 7%。

④三级:结实期刈割,茎粗,叶色淡绿或浅黄,无杂物和霉变,干草杂类草不超过 8%。

(3)干草质量等级判定 禾本科牧草干草质量等级的判定需依据以下原则:

①按照粗蛋白质和水分含量测定结果确定相应的质量等级,如特级、一级、二级、三级,或为不合格产品。

②再根据外部感官性状进一步确定各自等级。

对于特级、一级、二级的干草样品,其叶色发黄、发白者降低一个等级;天然草地有毒、有害草不超过 1%时,保留原来等级;达到 1%时,降低一个等级;超过 1%时,如果无法剔除,不能饲喂家畜,为不合格产品;有明显霉变或异物的样品为不合格产品。

实验二十 碎干草的制作及品质鉴定

一、目的意义

使同学们掌握碎干草制作的技术、工艺流程及品质检验。

二、材料和方法

1. 材料

碎干草是将适时刈割的牧草快速干燥后，切碎成 8～15 cm 长的草段进行保存。本次试验采用的是西藏农牧学院植物科学技术学院教学实习基地的杂草。

2. 工具

塑料袋若干个，质地厚实柔软，粘缝要严密不漏气。镰刀或剪刀若干把、铡刀一个。

3. 方法

(1)先将刈割的牧草进行压扁和翻晒，然后将牧草集成长条形草垄，晒干后切段，最后装袋收集；

(2)在刈割牧草时即将其切碎，并在田间形成蓬松的、通风良好的长条形草垄，晒干后装袋收集；或者将草段在实验室进行高温烘干，最后装袋收集。

三、碎干草的品质鉴定

参考青干草的品质鉴定方法。

四、作业与讨论

根据碎干草的过程编写实验报告。

实验二十一　青草粉的制作及品质鉴定

一、目的意义

使同学们掌握青草粉制作技术及品质检验。

二、材料和方法

1. 材料

加工优质青饲料的原料主要是高产优质的豆科牧草以及豆科和禾本科混播的

牧草等。

2.方法

(1)原料的刈割 青草粉原料必须在牧草营养价值最高的时期进行，一般豆科牧草第一次刈割在孕蕾期，以后各次刈割在孕蕾末期，禾本科牧草刈割不迟于抽穗期。

(2)快速干燥 一般采用自然快速干燥、人工快速干燥及常温鼓风干燥等方法。

(3)粉碎与制粒 牧草干燥以后，一般用锤式粉碎机粉碎。草屑长度应根据畜、禽种类与年龄而定，一般为 1～3 cm，为了减少青饲料在贮存过程中的营养损失和便于贮运，生产中常把草粉压制成草粒。

三、草粉的品质鉴定

包括两个方面品质，即感官性状和营养成分。

1.感官鉴定

草粉的感官性状包括：

形状：有粉状、颗粒状等。

色泽：暗绿色、绿色或淡绿色。

气味：具有草香味，无变质、结块、发霉及异味。

杂物：草粉中不允许含有有毒有害物质，不得混入其他物质，如沙石、铁屑、塑料废品、毛团等杂物。若加入氧化剂、防霉剂等添加剂时，应说明所添加的成分与剂量。

2.营养成分评价

草粉的质量与营养成分直接相关，草粉以含水量、粗蛋白质、粗纤维、粗脂肪、粗灰分及胡萝卜素等的含量作为控制质量的主要指标，按其含量划分等级。不同的原料加工方式可对草粉的营养成分带来较大的影响。

草粉的含水量一般不得超过 10%，但在我国北方的雨季和南方地区，含水量往往超过 10%，但不得超过 13%。其他质量指标测定值均以绝干物质为基础进行计算。草粉的种类较多，世界各国都根据不同的原料种类，制定各自不同的质量等级标准(表 14)。

表14　干草粉质量标准

指标		等级		
		一级	二级	三级
颜色		浅绿色或绿色	浅绿色或绿色	浅绿色或绿色
气味		无异味或霉味	无异味或霉味	无异味或霉味
含水量/%		9～12	9～12	9～12
干物质中粗蛋白质含量/% 胡萝卜素/(mg/kg) 粗纤维/% 草粉细度:孔径/mm 筛子内残渣/%		≥19 ≥210 ≤23 3 ≤5	≥16 ≥160 ≤26 3 ≤5	≥13 ≥100 ≤30 3 ≤5
混有碎细金属/(mg/kg)	大于2 mm碎粒	不允许	不允许	不允许
	2 mm碎粒	≤50	≤50	≤50
含沙量/%		≤0.7	≤0.7	≤0.7
含有毒性		不允许	不允许	不允许

四、作业与讨论

(1)根据青草粉的制作过程编写实验报告。

(2)讨论青草粉的品质对和市场价格的关系。

实验二十二　草颗粒和草块的检测评价

草颗粒和草块的检测与品质评价包括感官鉴定、物理指标和化学指标评价三部分。

一、感官鉴定

感官鉴定指标包括颜色、形状、气味。其测定的方法为:

(1)颜色和形状　在自然光下视物最清楚的距离范围内目测,必要时可借助显微镜观察。

(2)气味　常态下贴近鼻尖嗅闻气味。

(3)合格草产品的感官质量指标要求如下

颜色:颜色为深绿色、绿色或浅绿色。

形状：圆柱状颗粒，表面光滑，大小及质地均匀，直径 6～10 mm，长度 15～35 mm。

气味：有干草芳香味或无异味，无霉变味。

二、物理指标检测评价

饲草颗粒饲料的物理指标主要包括粉化率和含粉率。

1. 粉化率

颗粒饲料在贮运过程中，往往产生粉末，饲喂家畜（禽）时易损失，喂鱼、虾时会污染水质。

测定方法：根据颗粒直径选用规定的标准筛，用手工将原始样品进行筛选，以筛上物作为试样。然后用 SFY-4 型颗粒饲料粉化率测定仪（回转箱）进行测定。

步骤：取试样 500 g 放入回转箱中，扣紧箱盖使之密封良好。启动回转箱，转动 10 min 后（即累计 500 r/min），再按含粉率测定方法计算出粉化率。粉化率为筛上物的重量占试样重量的百分比。

2. 含粉率

含粉率的测定方法为：取试样 500 g，放入净孔边长 2 mm 的标准编织筛内，用统一型号的电动摇筛机连续筛 2 min 或借用测定面粉粗细度的电动筛筛理（或手工筛 1 min）。筛完后将筛上物称重。计算含粉率：

$$含粉率=\frac{试样重量-筛上物重量}{试样重量}\times 100\%$$

3. 草颗粒的物理指标分级

根据草颗粒的粉化率和含粉率进行物理指标分级，分级标准见表 15。

表 15　草颗粒物理指标及质量分级

（中华人民共和国农业行业标准，NY/T 1575—2007）

指标	等级			
	特级	一级	二级	三级
粉化率	≤6	≤9	≤14	≤20
含粉率	≤3.0	≤4.0	≤5.0	≤5.0

三、化学指标检测评价

草颗粒的化学测定指标包括：粗蛋白质、中性洗涤纤维、酸性洗涤纤维、粗灰分、水分、胡萝卜素等。各项指标采用实验室分析手段测定，再按照草颗粒质量标准进行分级（豆科和禾本科草颗粒化学指标及质量分级见表16和表17）。

表16　豆科草颗粒化学指标及质量分级

（中华人民共和国农业行业标准，NY/T 1575—2007）

指标	等级			
	特级	一级	二级	三级
粗蛋白质/%	≥20.0	≥18.0	≥16.0	≥14.0
中性洗涤纤维/%	<40.0	<46.0	<53.0	<60.0
酸性洗涤纤维/%	<31.0	<35.0	<40.0	<42.0
粗灰分/%	<12.5			
水分/%	≤14.0			
β-胡萝卜素/(mg/kg)	≥100.0	≥80.0	≥50.0	≥50.0

注：各项化学成分含量均以86%干物质为基础计算。

表17　禾本科草颗粒化学指标及质量分级

（中华人民共和国农业行业标准，NY/T 1575—2007）

指标	等级			
	特级	一级	二级	三级
粗蛋白质/%	≥13.0	≥11.0	≥9.0	≥7.0
中性洗涤纤维/%	<53.0	<60.0	<65.0	<70.0
酸性洗涤纤维/%	<40.0	<42.0	<45.0	<50.0
粗灰分/%	<12.5			
水分/%	≤14.0			

注：各项化学成分含量均以86%干物质为基础计算。

第四部分　饲草料营养成分测定

营养成分测定包括各种营养成分的组成、性能与含量的检测，如常规成分水分、灰分、粗蛋白质、粗脂肪、粗纤维、无氮浸出物含量的检测。有些饲草中本身存在的生物碱、苷类化合物、单宁、有毒的硝基化合物和亚硝酸盐等，在产品加工过程中由于加工技术限制，无法完全清除，饲喂家畜会给畜禽带来毒性作用。此外，饲草原料种植、草产品生产、加工、运输等环节重金属的污染（砷、铬、铅）、稀有金属超标污染（高铜、锌、硒、碘）、农药污染、工业"三废"污染等，在草产品生产和加工的过程中难以消除，留存在草产品中，饲喂家畜将蓄积在体内，直接影响畜产品质量安全。尤其在我国夏季雨热同期，收获加工后的饲草需要采取相应的贮藏措施，建设各种仓储设施。但受各企业规模和经济实力的限制，往往难以满足安全贮藏的需要。尤其是在气候湿润的条件下，常出现草产品发霉变质的现象，不仅影响草产品本身的质量和安全状况，而且也对家畜的正常代谢造成不良影响。根据对饲草料产品的不同要求，有的产品需要全面检测，有的根据需要针对性地检测几个重要的指标。

实验二十三　初水分的测定

一、基本原理

新鲜饲料、鲜粪和鲜肉不能被粉碎，亦不易保存。为此，新鲜样本必须先测定其中的初水分，得到半干样本，再将半干样本（与风干样本同样）制备成分析用的样本。

用普通天平在已知重量的搪瓷盘中称出 200～300 g 含水分多的鲜样，将搪瓷盘与鲜样放入 60～70℃烘箱中，5～6 h 后取出搪瓷盘。在此有两种方法表示新鲜样本中半干样本的含量。

第一种方法：将搪瓷盘由烘箱中取出，放于室内空气中冷却 24 h，使半干样本中水分与室内湿度取得平衡，而后称出搪瓷盘与半干样本重。由此得出鲜样中空气干燥干物质含量。

$$\text{鲜样中空气干燥干物质含量}=\frac{\text{空气干燥物质量(g)}}{\text{鲜样重(g)}}\times 100\%$$

第二种方法:将搪瓷盘由 70℃烘箱中取出,移入干燥器内(以 $CaCl_2$ 为干燥剂),冷却 30 min 后,称重。将搪瓷盘放入烘箱内,烘 0.5～1 h 取出,移入干燥器内,冷却 30 min 后,称重。依此直至前后两次重量相差不超过 0.5 g,根据 70℃干物质重,得出鲜样中 70℃干物质含量。

$$\text{鲜样中 70℃干物质含量}=\frac{\text{70℃干物质重(g)}}{\text{鲜样重(g)}}\times 100\%$$

二、仪器名称及需要数量

1. 一个学生做 2 个测定所需仪器数量

搪瓷盘(20 cm×15 cm×3 cm),2 个;干燥器(30 cm 直径),1 个;坩埚钳,1 个。

2. 公用仪器

鼓风烘箱(60～70℃),1 具;普通天平(百分之一克感量),5 架;标准铜筛(40 号、60 号),1 套;样本粉碎磨(电动)1 架;剪刀,8 把。

三、试剂名称即需要量(一个学生所需试剂数量)

$CaCl_2$(工业用),500 g;凡士林(普通),2 g。以上均为干燥器使用。

实验二十四　饲草料中吸附水的测定(烘干法)

一、原理

试样在(105±2)℃烘箱、一个大气压下烘干,直至恒重,逸失的重量为水分。

二、适用范围

本方法适用于测定配合饲草料和单一饲草料中水分的含量。

三、仪器设备

(1)实验室用样品粉碎机或研钵。

(2)分样筛,孔径 0.45 mm(40 目)。

(3)分析天平,感量 0.000 1 g。

(4)电热式恒温干燥箱(烘箱),可控温度在(105±2)℃。

(5)铝盒(或称量瓶),直径 40 mm 以上,高 25 mm 以下。

(6)干燥器,用变色硅胶或氯化钙作干燥剂。

四、试样的选取与制备

(1)选取有代表性的试样,其原始样量在 1 000 g 以上。

(2)用四分法将原始样品缩至 500 g,风干后粉碎至 40 目,再用四分法缩至 200 g,装入密封容器,置阴凉干燥处保存。

五、测定方法

1. 空铝盒烘干至恒重(W_0)

洁净铝盒在(105±2)℃烘箱中烘 1 h,取出,在干燥器中冷却 30 min,称重(准确至 0.000 1 g);再烘干 30 min,同样冷却、称重,直至两次称重之差小于 0.000 5 g 为恒重。

2. 称样(W)

用已恒重的铝盒称取两份平行试样,每份 2 g 左右(含水重 0.1 g 以上,样品厚度 4 mm 以下),准确至 0.000 1 g,平铺于铝盒中。

3. 铝盒+样品烘干至恒重(W_1)

将称好试样的铝盒开盖置于(105±2)℃烘箱中烘 3 h,取出,盖好铝盒盖,在干燥器中冷却 30 min,称重。再同样烘干 1 h,冷却,称重,直至两次称重之差小于 0.001 g 为恒重。

六、结果计算

1. 计算公式

$$\text{试样水分}=\frac{\text{吸附水重量(g)}}{\text{试样重量(g)}}\times 100\%=\frac{W+W_0-W_1}{W}\times 100\%$$

2.重复性

每个试样至少取两个平行样进行测定，以其算术平均值为结果。两个平行样测定值相差不超过0.2%为合格。

七、注意事项

(1)进行恒温计时应以达到设定温度开始，而不以接通电源算起。

(2)某些含脂肪高的样品，烘干时间长反而会增重，为脂肪氧化所致，应以增重前称量值为准。

(3)含糖分高、易分解或易焦化试样，应使用减压干燥法(70℃，600 mm汞柱以下，烘干5 h)测定水分。

(4)多汁鲜样去除初水分后为风干物质，风干物质去除吸附水后为绝干物质。

鲜样总水分＝初水分(%)＋吸附水(%)×(1－初水分%)

(5)计算时，取恒重中的小数值进行计算。下同。

八、其他

除本节述及水分测定方法外，尚有水分测定仪等仪器可对水分含量进行快速测定。

实验二十五　饲料中干物质的测定

一、实验目的

测定饲料中干物质含量。

二、实验原理

饲料中营养物质，包括有机物质与无机物质，均存在于饲料的干物质中。饲料中干物质含量的多少与饲料的营养价值及家畜的采食量均有密切关系。风干饲料(如各种籽实饲料、油饼、糠麸、蒿秕、青干草、鱼粉、血粉等)可以直接在100～105℃温度下烘干，烘去饲料中蛋白质、淀粉及细胞膜上的吸附水，得到风干饲料的干物质含量。含水分多的新鲜饲料如青饲料、青贮饲料、多汁饲料以及畜粪和鲜肉等均可先测定初水分后制成半干样本；再在 100～105℃温度下烘干，测得半干样本中的干物质量，而后计算新鲜饲料、鲜粪或肉中干物质含量。

测定尿中干物质法，系将定量的尿液吸收于已知重量的滤纸上，烘干滤纸，吸收一定量的尿，再烘干，重复数次。吸收尿液的烘干滤纸重量减去原滤纸重量即为吸收尿液总量中的干物质量。

三、仪器名称及需要量

1. 一个学生做 2 个测定所需仪器数量

称量瓶或铝盒(30 mL)，2 个；干燥器(30 cm 直径)，1 个；坩埚钳，1 把；精密天平，1 架；药匙，1 个；小毛刷，1 个。

2. 公用仪器

鼓风烘箱(100～105℃)，1 具。

四、试剂名称及需要量

$CaCl_2$(工业用)，500 g；凡士林(普通)，10 g。以上均为干燥器使用。

五、操作步骤

(1)将洗净烘干的称量瓶放在 100～105℃的鼓风烘箱内，开盖烘 1 h。用坩埚钳取出称量瓶，移入干燥器中冷却约 30 min 后，称重(称量瓶放入烘箱时须启盖，冷却和称重时须严盖)。

(2)在称量瓶中称取 2 g 风干样本或半干样本(准确至 0.000 2 g)，如用已测定过 70℃干物质含量的半干样本，则在称样时，须将半干样本重新放入 70℃烘箱中烘 1 h，而后移入干燥器中冷却 30 min 后称样，这样可减少半干样本在磨碎制样过程中由于吸收空气中水分而引起的误差。

(3)将称量瓶和样本放入 100～105℃烘箱内，将瓶盖揭开少许。

(4)样本在烘箱内烘 5～6 h 后，盖紧瓶盖，移入干燥器中，冷却 30 min，进行第一次称重。

(5)按照上述方法，继续将称量瓶放入烘箱内，烘 1 h 后，进行第二次称重，直至前后两次称重的差数在 0.002 g 以内为止。

(6)干物质含量计算采用数次称重中的最低值。

(7)称量瓶中的干物质保留作测定粗脂肪和粗纤维之用。

(8)测定尿中干物质时可将定量的尿液吸收于已知重量的滤纸上，滤纸与尿液中干物质一并在100～105℃烘箱中烘干，直至恒重为止。

六、结果与计算

1. 风干样本(或半干样本)中105℃干物质含量 X

$$X=\frac{105℃干物质重(g)}{风干样本重(g)}\times100\%=\frac{W_3-W_1}{W}\times100\%=\frac{W_3-W_1}{W_2-W_1}\times100\%$$

式中：W_1＝称量瓶重(g)；W_2＝称量瓶重(g)＋风干样本重(g)；$W=W_2-W_1$＝风干样本重(g)；W_3＝称量瓶重(g)＋105℃干物质重(g)。

$$尿中干物质含量=\frac{浸过尿液的烘干滤纸重(g)-原来滤纸重(g)}{尿总重(g)}\times100\%$$

2. 新鲜样本中干物质含量计算法

(1)新鲜样本中干物质含量＝新鲜样本中70℃干物质含量％×半干样本105℃干物质含量％。例如：多汁饲料70℃干物质含量＝26％；多汁饲料半干样本105℃干物质含量＝86％，因此，多汁饲料的干物质含量＝26％×86％＝22.4％。

(2)新鲜样本中干物质含量＝新鲜样本中空气干燥干物质含量×半干样本105℃干物质含量。例如：多汁饲料空气干燥干物质含量＝25％，多汁饲料半干样本105℃干物质含量＝86.5％，因此，多汁饲料的干物质含量＝25％×86.5％＝21.6％。

七、注意事项

本试验所用鼓风烘箱测定饲料样本中干物质的方法，并不是绝对准确的。以下可能会引起测定结果的误差：①加热时样本中挥发性物质可能与样本中水分一起损失，例如，青贮饲料中的挥发性脂肪酸。②样本中有些物质如脂肪在加热时可能在空气中氧化，使样本重量不但不减少，反而会增加，在这种情况下，测定样本中干物质含量需在真空烘箱或充有二氧化碳的特殊烘箱中进行。③有些饲料如含糖分高的糖浆在105℃时可能发生某些化学变化，这类饲料应在较低温度和减压条件下进行干燥。

八、思考题

(1)某种饲料半干样本105℃干物质含量为90％，该饲料空气干燥干物质含量为 30%，计算该种饲料的干物质含量。

(2)某种饲料半干样本 105℃干物质含量为 90%，该饲料 70℃干物质含量为 32%，计算该种新鲜饲料的干物质含量。

实验二十六　饲草料中粗灰分的测定(灼烧法)

一、原理

试样在 550℃充分灼烧去除有机物后所得的残渣为粗灰分。残渣中主要是氧化物、盐类等矿物质，亦包括混入饲料中的砂石、泥土等，故称粗灰分。

二、适用范围

本方法适用于配合饲料及各种单一饲草料中粗灰分的测定。

三、仪器设备

(1)实验室用样品粉碎机或研钵。

(2)分样筛，孔径 0.45 mm(40 目)。

(3)分析天平，感量 0.000 1 g。

(4)高温电炉，可控温度在(550±20)℃。

(5)瓷坩埚，Φ30 mm。

(6)干燥器，用变色硅胶或氯化钙作干燥剂。

四、试样的选取与制备

选取有代表性的试样，粉碎至 40 目，用四分法缩减至 200 g，于密封容器中保存防止成分变化和变质。

五、测定步骤

1. 空坩埚灼烧至恒重(W_0)

将干净坩埚放入高温电炉，在(550±20)℃下灼烧 30 min，取出，在空气中冷却约 1 min，然后移入干燥器冷却 30 min，称重。再同样灼烧，冷却，称重，直至两次称重之差小于 0.000 5 g 为恒重。

2. 称样(W)

在已恒重的空坩埚中称入2 g左右试样，准确至0.000 1 g。

3. 坩埚+试样灼烧至恒重(W_1)

将称好试样的坩埚放入高温电炉中，先在300℃下炭化20 min左右，然后温度升至(550±20)℃下灼烧3 h，取出，在空气中冷却约1 min，移入干燥器冷却30 min，称重。再同样灼烧1 h，冷却，称重，直至两次称重之差小于0.001 g为恒重。

六、结果计算

1. 计算公式

$$粗灰分=\frac{无机物重量(g)}{试样重量(g)}\times 100\%=\frac{W_1-W_0}{W}\times 100\%$$

2. 重复性

每个试样至少取两个平行样测定，以其算术平均值为结果。

粗灰分含量≥5%时，允许相对偏差为1%；粗灰分含量<5%时，允许相对偏差为5%。

七、注意事项

(1)试样第一次高温灼烧前应进行炭化，以使燃烧氧化完全，但炭化过程不应太快，以防试样飞溅。

(2)灼烧残渣颜色与试样中各元素含量有关，如含铁高时为红棕色，但有明显黑色炭粒时，为炭化不完全，应延长灼烧时间。

(3)为避免坩埚盖混淆，需在瓷坩埚上做标记，可用$FeCl_3$溶液处理，方法为：取0.5% $FeCl_3$溶液30 mL，加数滴0.1 mol/L $AgNO_3$溶液(或钢笔水)，混匀，用细笔尖蘸此溶液在瓷坩埚上做标记，然后将其置于550℃高温电炉中灼烧后即可。

实验二十七　饲草料中粗脂肪的测定(浸提法)

一、原理

在索氏(Soxhlet)脂肪提取器中用乙醚提取试样，称提取物的重量，其中除脂肪外，还有有机酸、磷脂、脂溶性维生素、叶绿素等，因而测定结果称粗脂肪或乙醚提取物。

二、适用范围

本方法适用于各种配合饲料和单一饲料。

三、仪器设备

(1)实验室用样品粉碎机或研钵。
(2)分样筛，孔径 0.45 mm(40 目)。
(3)分析天平，感量 0.000 1 g。
(4)电热式恒温水浴锅，室温至 100℃。
(5)电热式恒温烘箱(烘箱)，可控温度在(105±2)℃。
(6)铝盒(或称量瓶)，直径 40 mm 以上，高 25 mm 以下。
(7)干燥器，用变色硅胶或氯化钙作干燥剂。
(8)定性滤纸，中速，Φ12.5 cm，脱脂。
(9)索氏脂肪提取器，100 mL 或 150 mL。

四、试剂

乙醚(GB 12591—1990)，分析纯。

五、试样的选取和制备

选取有代表性的试样，用四分法将试样缩减至 500 g，粉碎至 40 目，再用四分法缩减至 200 g，于密封容器中保存防止成分变化和变质。

六、测定步骤

1. 称样(W)

称取 2 g 左右试样，准确至 0.000 1 g，用滤纸包好，并以脱脂棉线系牢，再用铅笔于滤纸包上标记待放入的铝盒号，然后将滤纸包放入相应铝盒中。

2. 试样+滤纸包+铝盒烘干至恒重(W_1)

将以上铝盒开盖置于(105±2)℃烘箱中烘 6 h，取出，盖好铝盒盖，在干燥器中冷却 30 min，称重。再同样烘干 1 h，冷却，称重，直至两次称重之差小于 0.001 g 为恒重。

3. 乙醚浸提

将恒重的滤纸包放入索氏提取器的提脂腔中（注意滤纸包不能超过虹吸管上端），加入乙醚，乙醚加量以全部浸泡滤纸包为宜，装好装置，在 60～75℃的水浴上加热，使乙醚回流，控制乙醚回流次数为每小时约 10 次，共回流 50～70 次（以检查提取腔流出的乙醚在滤纸上挥发后不留下油迹为浸提终点）。

4. 浸提后，试样＋滤纸包＋铝盒再烘干至恒重（W_2）

取出滤纸包，放回相应铝盒中，在室温通风处使乙醚挥发掉，然后开盖置于(105±2)℃烘箱中烘 6 h，取出，盖好铝盒盖，在干燥器中冷却 30 min，称重。再同样烘干 1 h，冷却，称重，直至两次称重之差小于 0.001 g 为恒重。

七、结果计算

1. 计算公式

$$\text{粗脂肪}=\frac{W_1-W_2}{W}\times 100\%$$

2. 重复性

每个试样取两个平行样进行测定，以其算术平均值为结果。

粗脂肪含量≥10%时，允许相对偏差为 3%；粗脂肪含量＜10%时，允许相对偏差为 5%。

八、注意事项

(1)浸提后的滤纸包不要立即放入(105±2)℃烘箱中烘干，否则因乙醚着火点低而发生燃烧。

(2)用过的乙醚不要丢弃，可通过回流回收重复使用。

九、其他

除本节所述饲料脂肪测定方法外，亦可借助脂肪测定仪进行脂肪含量的快速测定。

实验二十八　饲草料中粗蛋白质的测定（凯氏定氮蒸馏法）

一、原理

各种饲草料的有机物质在还原性催化剂（如 $CuSO_4$ 或 Se 粉）及 Na_2SO_4（防止暴沸）下，用浓硫酸进行消化作用，使蛋白质和其他有机态氮都转变为 NH_4^+，并与 H_2SO_4 化合成 $(NH_4)_2SO_4$；而非含氮物质，则以 CO_2、H_2O、SO_2 状态逸出。消化液在浓碱作用下进行蒸馏，释放出氨气，氨气由硼酸溶液吸收并生成四硼酸铵，然后以甲基红-溴甲酚绿为指示剂，用 HCl 标准溶液（0.1 mol/L）滴定，求出氮的含量，根据不同的饲料再乘以一定的系数（通常以 6.25 计算），即为粗蛋白质的含量。

主要化学反应如下：

$$2NH_2(CH_2)_2COOH + 13H_2SO_4 \longrightarrow (NH_4)_2SO_4 + 6CO_2\uparrow + 12SO_2\uparrow + 16H_2O\uparrow$$

丙氨酸

$$(NH_4)_2SO_4 + 2NaOH \longrightarrow 2NH_3\uparrow + 2H_2O + Na_2SO_4$$

$$4H_3BO_3 + NH_3 \longrightarrow NH_4HB_4O_7 + 5H_2O$$

$$NH_4HB_4O_7 + HCl + 5H_2O \longrightarrow NH_4Cl + 4H_3BO_3$$

二、适用范围

本方法适用于配合饲料和各种单一饲料。

三、仪器设备

(1)实验室用样品粉碎机或研钵。

(2)分样筛，孔径 0.45 mm(40 目)。

(3)分析天平，感量 0.000 1 g。

(4)消煮炉或电炉。

(5)消化管，100 mL。

(6)凯氏半微量水蒸气蒸馏装置(或常量直接蒸馏式)。

(7)容量瓶，100 mL。

(8)锥形瓶，150 mL 或 250 mL。

(9)酸式滴定管,25 mL 或 50 mL。

(10)移液管,5 mL 或 10 mL。

四、试剂

(1)浓硫酸(GB 625—1989),化学纯。

(2)硫酸铜(GB 665—1978),化学纯。

(3)硫酸钠(HG 3-123—1976),化学纯。或硫酸钾(HG 3-920—1976),化学纯。

(4)氢氧化钠(GB 629—1981),分析纯。40 g 溶于 100 mL 蒸馏水配成 40%溶液。

(5)硼酸(GB 628—1993),分析纯。2 g 溶于 100 mL 蒸馏水配成 2%溶液。

(6)混合指示剂。甲基红(HG 3-958—1976)0.1%乙醇溶液,溴甲酚绿(HG 3-1220—1979)0.5%乙醇溶液,两溶液等体积混合,阴凉处保存,3 个月内有效。

(7)0.05 mol/L 盐酸标准溶液

①配制:4.2 mL 盐酸(GB 622—1989,分析纯)加蒸馏水定容至 1 000 mL,摇匀即得。

②标定

a. 无水碳酸钠标定　精密称取在 300℃干燥至恒重的基准无水碳酸钠 0.1 g,准确至 0.000 1 g,加蒸馏水 50 mL 使溶解,加甲基红-溴甲酚绿混合指示剂 10 滴,用盐酸标准溶液滴定至溶液由绿色变为暗红色,煮沸 2 min,冷却后继续滴定至溶液再呈暗紫色为终点。同时做空白试验。根据下式计算 HCl 标准溶液浓度:

$$\text{HCl(mol/L)}=\frac{\dfrac{W}{\text{无水碳酸钠分子质量}/2}}{(V-V_0)/1\,000}=\frac{W\times 2\,000}{(V-V_0)\times 106.0}$$

式中:W 为基准无水碳酸钠的称取量(g);V 为滴定时消耗盐酸标准溶液的体积(mL);V_0 为空白试验滴定时消耗盐酸标准溶液的体积(mL)。

b. 硼砂标定　称取 0.1 g 干燥的四硼酸钠(即硼砂 $Na_2B_4O_7 \cdot 10H_2O$,GB 632—1978,分析纯),准确至 0.000 1 g,置于 250 mL 锥形瓶中,加 100 mL 蒸馏水溶解,加甲基红指示剂 5～6 滴,用 0.05 mol/L 盐酸标准溶液滴定至溶液由黄变橙色为止。根据下式计算 HCl 标准溶液浓度:

$$\text{HCl(mol/L)}=\frac{\dfrac{W}{\text{硼砂分子量}/2}}{V/1\,000}=\frac{W\times 2\,000}{V\times 381.4}$$

式中:W 为四硼酸钠称取量(g);V 为滴定消耗 HCl 溶液体积(mL)。

每次标定至少取3份平行样进行操作，计算结果的相对偏差不得超过0.2%，否则需重新标定，以其算术平均值作为标定结果。

(8)蔗糖(HG 3-1001—1976)，分析纯。

(9)硫酸铵(GB 1396—1978)，分析纯。

五、试样的选取与制备

取具有代表性试样，粉碎至40目，用四分法缩减至200 g，装于密封容器中，防止试样成分的变化或变质。

六、测定步骤

1. 消化

称取0.2 g左右试样(含氮量5～80 mg)准确至0.000 1 g，无损失地移入消化管中，加入硫酸铜0.2 g，硫酸钠3 g，与试样混合均匀，再加浓硫酸10 mL，置于消煮炉上小心加热，待样品焦化，泡沫消失，再加强火力(410℃)，至溶液澄清则消化完毕。

将试样消化液冷却，无损失地转移至100 mL容量瓶中，冷却后用蒸馏水稀释至刻度，摇匀，则为试样分解液。

2. 蒸馏

取2%硼酸溶液20 mL至锥形瓶中作为反应吸收液，并加混合指示剂2滴，将半微量蒸馏装置的冷凝管末端浸入该液面下。

准确移取试样分解液10 mL注入蒸馏装置的反应腔中，用少量蒸馏水冲洗进样入口，塞好玻璃塞，并在入口处加水密封好。再在碱液入口缓慢加入10～20 mL 40%氢氧化钠溶液，亦使之流入反应腔中，并把碱液入口封存好。

进行蒸馏。以锥形瓶中溶液变蓝绿色开始计时3 min，然后将冷凝管末端离开锥形瓶液面，再蒸馏1 min，用少量蒸馏水冲洗冷凝管末端，洗液亦流入吸收液中。

3. 滴定

用硼酸吸收氨后，立即用0.05 mol/L的HCl标准溶液进行滴定，溶液由蓝绿色变为灰红色为终点。

4. 空白测定

称取蔗糖 0.01 g，以代替试样，按上述测定步骤进行空白测定，消耗 0.05 mol/L 盐酸标准溶液的体积应不得超过 0.3 mL。

七、结果计算

1. 计算公式

$$粗蛋白质 = N\% \times 6.25 = \frac{(V_1 - V_0) \times C \times 0.0140 \times 6.25}{W \times \frac{V'}{V}} \times 100\%$$

式中：V_1 为试样滴定所需盐酸标准溶液的体积（mL）；V_0 为空白滴定所需盐酸标准溶液的体积（mL）；C 为盐酸标准溶液的浓度（mol/L）；W 为试样重（g）；V 为试样分解液总体积（mL）；V' 为试样分解液蒸馏用体积（mL）；0.0140 为每毫升盐酸标准溶液相当于氮的克数；6.25 为氮换算成蛋白质的平均系数。

2. 重复性

每个试样至少取两个平行样进行测定，以其算术平均值为结果。

当粗蛋白质含量在 25% 以上时，允许相对偏差≤1%；当粗蛋白质含量在 10%～25% 时，允许相对偏差≤2%；当粗蛋白质含量在 10% 以下时，允许相对偏差≤3%。

3. 测定步骤的检验

称取 0.2 g 硫酸铵，准确至 0.0001 g，代替试样，按测定步骤进行操作，并按上述公式计算（不乘系数 6.25），测得硫酸铵含氮量为（21.19±0.20）% 算作合格。否则应检查加碱量、蒸馏和滴定等步骤是否正确。

八、注意事项

（1）本方法不能区别蛋白氮和非蛋白氮。在测定结果中除蛋白质外，还有氨基酸、酰胺、铵盐等，故以粗蛋白质表示。

（2）消化过程中，硫酸铜为催化剂，硫酸钠起提高沸点的作用。

（3）蒸馏时，蒸馏装置的蒸汽发生器内的水应加甲基红指示剂数滴，硫酸数滴，且保持此溶液为橙红色，以防止水中氨态氮的逸失影响测值。

(4)每次蒸馏结束后，应用蒸汽将蒸馏装置反应腔中残液洗净。

(5)试样中硝酸盐和亚硝酸盐含量将直接影响测定结果的准确性。据化学理论与实际测定证实有如下反应：

$$2NO_3^- \xrightarrow{\text{还原剂}} 2NO_2^- + O_2$$

$$NH_4^+ + NO_2^- \xrightarrow{\triangle} N_2\uparrow + 2H_2O\uparrow$$

故本法在消化过程中，试样中的硝酸根(NO_3^-)可还原为亚硝酸根(NO_2^-)，而NO_2^-则可与铵离子(NH_4^+)生成氮气(N_2)逸出，从而使测值偏低。

九、其他

除本节介绍饲料粗蛋白质测定方法外，有条件者可通过定氮仪进行粗蛋白质的快速测定。

实验二十九　饲草料中粗纤维的测定(酸碱处理法)

一、原理

用固定浓度的酸和碱，在特定条件下消煮样品以除去粗蛋白质、粗脂肪和无氮浸出物，再经高温灼烧扣除矿物质的量，所余量为粗纤维。它不是一个确切的化学实体，只是在公认强制规定条件下测出的概略养分。其中以纤维素为主，还有少量半纤维素和木质素。

二、适用范围

本方法适用于配合饲料和各种单一饲料。

三、仪器设备

(1)实验室用样品粉碎机或研钵。

(2)分样筛，孔径 0.45 mm(40 目)。

(3)分析天平，感量 0.000 1 g。

(4)电热式恒温干燥箱(烘箱)，可控温度在(105±2)℃。

(5)高温电炉,可控温度在(550±20)℃。

(6)瓷坩埚,Φ30 mm。

(7)消煮器(六联电炉),配有冷凝球的高型烧杯(800 mL)或有冷凝管的锥形瓶。

(8)干燥器,用变色硅胶或氯化钙作干燥剂。

(9)过滤网,200 目不锈钢网。

(10)定量滤纸,中速,Φ12 cm。

四、试剂

(1)硫酸(GB 625—1989),分析纯,配成 5%硫酸溶液。

(2)氢氧化钠(GB 629—1981),分析纯,配成 5%氢氧化钠溶液。

五、试样的选取与制备

取具有代表性试样,粉碎至 40 目,用四分法缩减至 200 g,装于密封容器中,防止试样成分的变化或变质。

六、测定步骤

1. 空坩埚灼烧至恒重(W_0)

将干净坩埚放入高温电炉,在(550±20)℃下灼烧 30 min,取出,在空气中冷却约 1 min,然后移入干燥器冷却 30 min,称重。再同样灼烧,冷却,称重,直至两次称重之差小于 0.000 5 g 为恒重。

2. 坩埚+滤纸烘干至恒重(W_1)

在已恒重的坩埚中放入一张定量滤纸,然后开盖置于(105±2)℃烘箱中烘 6 h,取出,盖好坩埚盖,在干燥器中冷却 30 min,称重。再同样烘干 1 h,冷却,称重,直至两次称重之差小于 0.001 g 为恒重。

3. 称样(W)

称取 2 g 左右样品,准确至 0.000 1 g,放入干净的高型烧杯中。

4. 酸碱消煮

将高型烧杯置于消煮器上,加 50 mL 5%硫酸溶液,继续加入沸蒸馏水至 200 mL

刻线处，放好冷凝球，立即加热，使其在2 min内沸腾，进行酸消煮，保持微沸（30±1）min，趁热过滤，将残渣转移至不锈钢滤网上，用热蒸馏水冲洗残渣至中性（pH试纸蘸取滤液颜色不变则可）。

将残渣放回原高型烧杯中，加50 mL 5%的氢氧化钠溶液，继续加入沸蒸馏水至200 mL刻线处，放好冷凝球，立即加热，使其在2 min内沸腾，进行碱消煮，保持微沸（30±1）min，趁热过滤，将残渣转移至不锈钢滤网上，用热蒸馏水冲洗残渣至中性（pH试纸蘸取滤液颜色不变则可）。

5. 残渣＋滤纸＋坩埚烘干至恒重（W_2）

将酸碱消煮残渣过滤至已恒重的滤纸上，放回原坩埚中，开盖置于（105±2）℃烘箱中烘6 h，取出，盖好坩埚盖，在干燥器中冷却30 min，称重。再同样烘干1 h，冷却，称重，直至两次称重之差小于0.001 g为恒重。

6. 残渣＋滤纸＋坩埚灼烧至恒重（W_3）

将已烘干至恒重的残渣＋滤纸＋坩埚再置于高温电炉中（550±20）℃下灼烧30 min，取出，在空气中冷却约1 min，然后移入干燥器冷却30 min，称重。再同样灼烧，冷却，称重，直至两次称重之差小于0.000 5 g为恒重。

七、结果计算

1. 计算公式

$$粗纤维=\frac{(W_2-W_1)-(W_3-W_0)}{W}\times 100\%$$

2. 重复性

每个试样至少应取两个平行样进行测定，以其算术平均值为结果。

粗纤维含量≥10%时，允许相对偏差为4%；粗纤维含量＜10%时，允许相差（绝对值）为0.4。

八、注意事项

（1）试样含脂肪小于1%时可不脱脂，含脂肪1%～10%时建议脱脂，含脂肪在10%以上时必须脱脂，或用测定脂肪后的试样残渣。

（2）进行酸煮和碱煮过程中，硫酸和氢氧化钠溶液浓度实际均为1.25%，相当于0.125 mol/L H_2SO_4和0.313 mol/L NaOH。

(3)在酸煮后和碱煮后冲洗至中性过程中,最好用热蒸馏水,宜于过滤。

(4)定量滤纸与定性滤纸的主要差异在于粗灰分含量不同,定量滤纸粗灰分含量在0.01%,可忽略不计,而定性滤纸粗灰分含量为0.15%左右。

九、其他

除本节介绍饲料中粗纤维含量测定方法外,亦可通过纤维测定仪进行粗纤维的快速测定。

附:饲料中NDF、ADF的快速测定(了解)

一、原理

植物性饲料(如一般饲料、牧草和粗饲料)经中性洗涤剂(3%十二烷基硫酸钠)分解,大部分细胞内容物溶解于洗涤剂中,其中包括脂肪、糖、淀粉和蛋白质,统称为中性洗涤剂溶解物(NDS),而不溶解的残渣为中性洗涤纤维(NDF),这部分主要是细胞壁部分,如纤维素、半纤维素、木质素、硅酸盐和极少量的蛋白质。

酸性洗涤剂可将中性洗涤纤维(NDF)中各组分进一步分解。植物性饲料可溶于酸性洗涤剂的部分称为酸性洗涤剂溶解物(ADS),主要有中性洗涤剂溶解物(NDS)和半纤维素,剩余的残渣称为酸性洗涤纤维(ADF),其中含有纤维素、木质素和硅酸盐。此外,由中性洗涤纤维(NDF)与酸性洗涤纤维(ADF)值之差即可得到饲料中的半纤维素含量。

酸性洗涤纤维经72%硫酸的消化,则纤维素被溶解,其残渣为木质素和硅酸盐,所以从酸性洗涤纤维(ADF)值中减去72%硫酸消化后残渣部分则为饲料中纤维素的含量。

将经72%硫酸消化后的残渣灰化,灰分则为饲料中硅酸盐的含量,而在灰化中逸出的部分即为酸性洗涤木质素(ADL)的含量。

Van Soest分析法示意图见图1。

二、适用范围

本方法适用于各种植物性饲料。

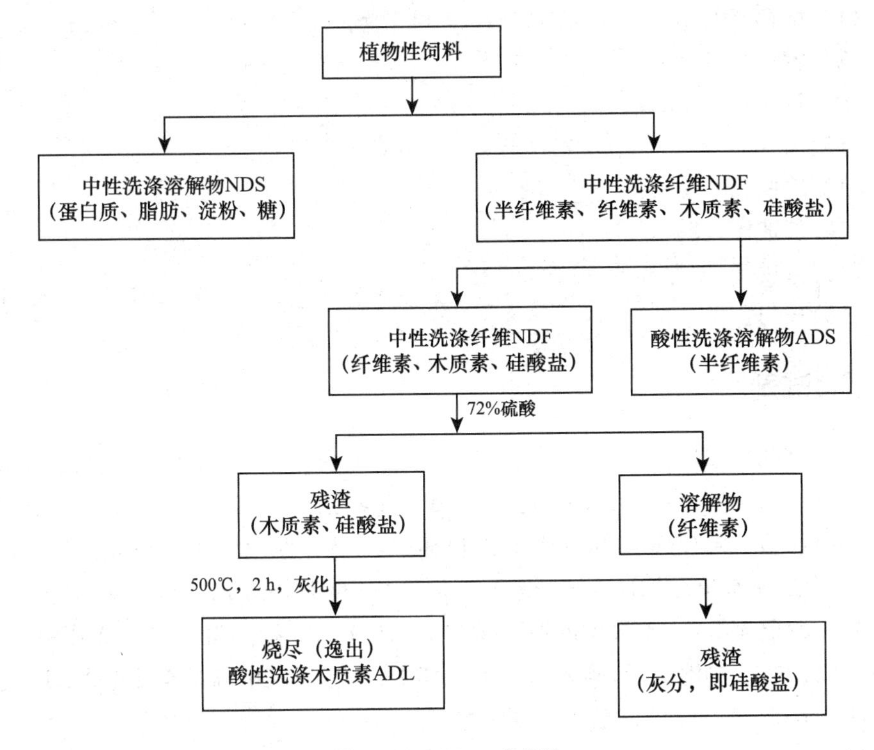

图 1　Van Soest 分析法

三、仪器设备

(1)分析天平，感量 0.000 1 g。

(2)电热式恒温干燥箱(烘箱)，可控温度在(105±2)℃。

(3)高温电炉，可控温度在(550±20)℃。

(4)六联调温电炉。

(5)冷凝器或冷凝装置，2 套。

(6)高型烧杯，600 mL。

(7)抽滤瓶，500 mL，2 个。

(8)真空泵。

(9)干燥器，用变色硅胶或氯化钙作干燥剂。

(10)玻璃坩埚，40 mL，2 个。

(11)坩埚钳，长柄、短柄。

(12)表面皿。

(13)烧杯,500 mL。

(14)容量瓶,1 000 mL。

(15)量筒,100 mL。

(16)滴管。

(17)洗瓶,500 mL。

(18)长玻棒,胶头。

(19)橡皮管,壁厚 0.5～0.7 cm。

(20)药勺。

四、试剂

(1)中性洗涤剂(3%十二烷基硫酸钠)　准确称取 18.6 g 乙二胺四乙酸二钠($EDTA, C_{10}H_{14}N_2O_8Na_2 \cdot 2H_2O$,化学纯)和 6.8 g 硼砂($Na_2B_4O_7 \cdot 10H_2O$,GB 632—1978,分析纯)一同放入 1 000 mL 刻度烧杯中,加入少量蒸馏水,加热溶解后,再加入 30 g 十二烷基硫酸钠($C_{12}H_{25}NaO_4S$,化学纯)和 10 mL 乙二醇乙醚($C_4H_{10}O_2$,化学纯);称取 4.56 g 无水磷酸氢二钠(Na_2HPO_4,化学纯)置于另一烧杯中,加少量蒸馏水微微加热溶解后,倾入第一个烧杯中,在容量瓶中稀释至 1 000 mL,此溶液 pH 在 6.9～7.1(pH 一般不需要调整)。

(2)1.00 mol/L 硫酸　取约 27.87 mL 浓硫酸(H_2SO_4,化学纯,96%,相对密度 1.84)慢慢加入已装有 500 mL 蒸馏水的烧杯中,冷却后注入 1 000 mL 容量瓶内定容。

(3)酸性洗涤剂(2%十六烷三甲基溴化铵)　称取 20 g 十六烷三甲基溴化铵(CTAB,化学纯)溶于 1 000 mL 1.00 mol/L 硫酸溶液中,搅拌溶解,必要时过滤。

(4)无水亚硫酸钠,Na_2SO_3,化学纯。

(5)丙酮,CH_3COCH_3,化学纯。

(6)十氢化萘,$C_{10}H_{18}$,化学纯。

五、测定方法

(1)称取 1 g 左右样品(磨碎并通过 1 mm 筛孔)置于高型烧杯中,加入中性或酸性洗涤剂 100 mL,在高型烧杯上装置球形冷凝管。

(2)将高型烧杯置于调温电炉上加热,要求在 5～10 min 内煮沸,回流 1 h(调节电炉温度,使溶液保持在微沸状态,防止泡沫上升),注意经常摇动烧杯,使烧杯内样品与溶液充分混合和接触。

(3)回流结束后,取下高型烧杯,将烧杯中溶液缓慢倒入铺有干燥并称重后的定量滤纸的漏斗上，以抽滤装置抽滤，注意调节抽气速度，防止滤纸破裂。

(4)关闭抽滤装置，将高型烧杯中的样品残渣全部倒在滤纸上，并用热蒸馏水(＞90℃)冲洗残渣至中性为止(可用蓝色石蕊试纸检查)。

(5)用丙酮冲洗残渣至流下的丙酮液呈无色为止。

(6)将残渣用滤纸包好，置于(105±2)℃烘箱内烘 24 h，取出置于干燥器中冷却，称至恒重。

六、结果计算

1. 计算公式

$$\text{中性(或酸性)洗涤纤维}=\frac{\text{滤纸和样品残渣重(g)}-\text{滤纸烘干后重(g)}}{\text{样品重(g)}}\times 100\%$$

2. 重复性

每个试样至少应取两个平行样进行测定，以其算术平均值为结果。

中(酸)性洗涤纤维含量≥10%时，允许相对偏差为 4%；中(酸)性洗涤纤维含量＜10%时，允许相差(绝对值)为 0.4。

实验三十　饲草料中无氮浸出物的计算

一、原理

饲料中无氮浸出物主要包括淀粉和糖，以及一些半纤维素、木质素、有机酸等。因这些成分十分复杂，无法一一测定，故一般采用的饲料分析方案中，无氮浸出物(NFE)是根据间接计算法求得。即在 100 中减去水分、粗灰分、粗蛋白质、粗脂肪、粗纤维等的百分数，所得之差即为无氮浸出物的百分含量。由于不进行直接测定，其他养分的测值准确与否都会影响无氮浸出物的结果，因而只能概括说明饲料中这一部分养分的含量。

二、计算公式

$$\begin{aligned}\text{无氮浸出物}&=100\%-[\text{水分}(\%)+\text{粗灰分}(\%)+\text{粗蛋白质}(\%)+\\&\quad\text{粗脂肪}(\%)+\text{粗纤维}(\%)]\\&=\text{干物质}(\%)-[\text{粗灰分}(\%)+\text{粗蛋白质}(\%)+\\&\quad\text{粗脂肪}(\%)+\text{粗纤维}(\%)]\end{aligned}$$

实验三十一　饲料中钙含量的测定(滴定法)

一、原理

用强酸将试样中的有机物破坏，钙变成溶于水的离子，用过量草酸铵使 Ca^{2+} 全部生成草酸钙沉淀，再以氨水洗去游离的草酸根，最后用高锰酸钾滴定与钙结合的草酸根间接测定钙的含量。

主要化学反应如下：

$$CaCO_3 + 2H^+ \xrightarrow{Cl^-、NO_3^-} Ca^{2+} + CO_2\uparrow + H_2O$$

$$Ca^{2+} + C_2O_4^{2-} \xrightarrow{\triangle} CaC_2O_4\downarrow$$

$$2NH_4^+ + C_2O_4^{2-} \longrightarrow (NH_4)_2C_2O_4$$

$$CaC_2O_4 + H_2SO_4 \longrightarrow CaSO_4 + H_2C_2O_4$$

$$2MnO_4^- + 5H_2C_2O_4 + 3H_2SO_4 \xrightarrow{\triangle} 10CO_2\uparrow + 2MnSO_4 + SO_4^{2-} + 8H_2O$$

二、适用范围

本方法适用于各种混合饲料(配合饲料、浓缩饲料及预混合饲料等)和单一饲料。

三、仪器设备

(1)实验室用样品粉碎机或研钵。

(2)分样筛，孔径 0.45 mm(40 目)。

(3)分析天平，感量 0.000 1 g。

(4)高温电炉，可控温度在(550±20)℃。

(5)瓷坩埚，Φ30 mm。

(6)容量瓶，100 mL。

(7)滴定管，酸式，25 mL 或 50 mL。

(8)玻璃漏斗，Φ6 cm。

(9)定量滤纸，中速，Φ7～9 cm。

(10)移液管，10 mL 和 20 mL。

(11)锥形瓶(或烧杯),250 mL。

(12)凯氏烧瓶,250 mL 或 500 mL。

四、试剂

(1)盐酸(GB 622—1989),分析纯,1∶1 水溶液。

(2)硝酸(GB 626—1989),分析纯。

(3)硫酸(GB 625—1989),分析纯,1∶3 水溶液。

(4)氨水(GB 631—1977),分析纯,1∶1 水溶液和 1∶50 水溶液。

(5)草酸铵(HG 3-976—1981),分析纯,4.2%水溶液。

(6)甲基红指示剂,甲基红(HG 3-958—1976),分析纯,0.1 g 溶于 100 mL 95%乙醇中。

(7)0.05 mol/L 高锰酸钾标准溶液

①配制:称取高锰酸钾(GB 643—1988,分析纯)约 1.6 g,溶于 1 000 mL 蒸馏水中,煮沸 10 min,冷却静置 1～2 d,过滤保存于棕色瓶中。

②标定:称取草酸钠基准物[GB 1289—1977,(105±2)℃烘干 2 h,存于干燥器中]0.1 g,准确至 0.000 1 g,溶于 50 mL 水中,再加 1∶3 硫酸溶液 10 mL,将此溶液加热至 75～85℃,用配制的高锰酸钾标准溶液滴定。溶液呈现粉红色且 1 min 内不褪色为终点。要求滴定结束时,溶液温度在 60℃以上。同时做试剂空白试验。

高锰酸钾标准溶液浓度(C)计算公式如下:

$$C=\frac{m}{(V-V_0)\times 0.0670}$$

式中:m 为基准草酸钠($Na_2C_2O_4$)的克数(g);0.067 0 为 1 mL 高锰酸钾标准溶液相当于基准草酸钠的克数;V 为滴定时消耗高锰酸钾标准溶液的体积(mL);V_0 为试剂空白试验时消耗高锰酸钾标准溶液的体积(mL);C 为高锰酸钾标准溶液浓度,mol/L。

每次标定至少取 3 份平行样进行操作,计算结果的相对偏差不得超过 0.2%,否则需重新标定,以其算术平均值作为标定结果。

(8)高氯酸(GB 623—1977),分析纯。

五、试样的选取与制备

取具有代表性试样,粉碎至 40 目,用四分法缩减至 200 g,装于密封容器中,防止试样成分的变化或变质。

六、测定步骤

1. 试样分解液的制备

(1)干法　称取试样 2 g 左右于坩埚中,准确至 0.000 1 g,在高温电炉中 300℃ 小心炭化 20 min,再升高温度在(550±20)℃下灼烧 3 h(或测定粗灰分后继续进行)。在盛灰坩埚中加入 1∶1 盐酸溶液 10 mL 和浓硝酸 5～6 滴,搅拌溶解 10 min,转入 100 mL 容量瓶,用蒸馏水稀释至刻度,摇匀,为试样分解液。

(2)湿法(用于无机物或液体饲料)　称取试样 2～5 g 于凯氏烧瓶中,准确至 0.000 1 g。加入硝酸 30 mL,加热煮沸,至二氧化氮黄烟逸尽,冷却后加入 70%～72%高氯酸 10 mL,小心煮沸至溶液无色,不得蒸干(否则易爆炸! 危险!!)。冷却后加蒸馏水 50 mL,并煮沸驱除二氧化氮,冷却后转入 100 mL 容量瓶,用蒸馏水稀释至刻度,摇匀,为试样分解液。

2. 钙沉淀的生成

准确移取 10～20 mL 试样分解液于锥形瓶中,加蒸馏水 100 mL 和甲基红指示剂 2 滴,并滴加 1∶1 氨水溶液使变橙色,再逐滴加 1∶1 盐酸溶液使刚好变红(此时 pH 为 2.5～3.0),小心煮沸,趁热加入草酸铵溶液 10 mL,并不断搅拌,若溶液变橙色,则滴加盐酸使再变红色。放置过夜使草酸钙沉淀陈化。

3. 钙沉淀的洗涤

将钙沉淀用定量滤纸过滤,并用 1∶50 氨水溶液洗沉淀 6～8 次(氨水量应浸没沉淀并全部滤净为洗涤 1 次),使无游离草酸根离子(接滤液数毫升,加硫酸溶液数滴,加热至 80℃,再加高锰酸钾溶液 1 滴,呈微红色且半分钟不褪色,则证明无草酸根离子)。

4. 高锰酸钾滴定

将沉淀和滤纸转入原锥形瓶,加 1∶3 硫酸溶液 10 mL,蒸馏水 50 mL,加热至 75～85℃,用 0.05 mol/L 高锰酸钾标准溶液滴定,溶液呈粉红色且半分钟不褪色为终点。

同时进行空白溶液测定。

七、结果计算

1.计算公式

$$Ca=\frac{(V-V_0)\times C\times \frac{40}{2}}{W\times \frac{V'}{100}}\times \frac{100}{1\,000}=\frac{(V-V_0)\times C\times 200}{W\times V'}$$

式中：V 为试样测定时 0.05 mol/L 高锰酸钾标准溶液滴定用体积(mL)；V_0为空白测定时 0.05 mol/L 高锰酸钾标准溶液滴定用体积(mL)；C 为高锰酸钾标准溶液浓度(mol/L)；W 为试样重(g)；V'为移取试样分解液体积(mL)；40/2 为钙的摩尔数。

2.重复性

每个试样至少取两个平行样进行测定，以其算术平均值为结果。

含钙量在 1%以下时，允许相对偏差 10%；含钙量在 1%～5%时，允许相对偏差 5%；含钙量在 5%以上时，允许相对偏差 3%。

八、注意事项

(1)高锰酸钾标准溶液浓度不稳定，应至少每月标定一次。

(2)每种滤纸的空白值不同，消耗高锰酸钾溶液体积也不一样，因此，每盒滤纸应至少做一次空白溶液测定。

九、其他

除本法外，还可用氮磷钙测定仪对饲料中钙含量进行快速测定。

实验三十二　饲料中总磷含量的测定(比色法)

一、原理

用强酸将试样中的有机物破坏，使磷游离出来，在酸性溶液中，用钒钼酸铵处理，生成黄色的磷钼黄$(NH_4)_3PO_4NH_4VO_3\cdot 16MoO_3$，在波长 420 nm 下进行比色测定。

此法测得为总磷含量，其中包括动物难于吸收的植酸磷。

二、适用范围

本方法适用于各种混合饲料（配合饲料、浓缩饲料及预混合饲料等）和单一饲料。

三、仪器设备

(1)实验室用样品粉碎机或研钵。

(2)分样筛，孔径 0.45 mm(40 目)。

(3)分析天平，感量 0.000 1 g。

(4)高温电炉，可控温度在(550±20)℃。

(5)瓷坩埚，Φ30 mm。

(6)容量瓶，50 mL、100 mL 和 1 000 mL。

(7)刻度移液管，10 mL。

(8)凯氏烧瓶，250 mL 或 500 mL。

四、试剂

(1)盐酸(GB 622—1989)，分析纯，1∶1 水溶液。

(2)硝酸(GB 626—1989)，分析纯。

(3)钒钼酸铵显色剂　称取偏钒酸铵(HG 3-941—1976，分析纯)1.25 g，加硝酸 250 mL。另取钼酸铵(GB 657—1993，分析纯)25 g，加蒸馏水 400 mL 加热溶解之。冷却后将此溶液倒入偏钒酸铵的硝酸溶液中，并加蒸馏水至 1 000 mL，摇匀，避光保存，如生成沉淀则不能使用。

(4)磷标准溶液　将磷酸二氢钾(GB 1274—1993，分析纯)在(105±2)℃烘干 2 h 后在干燥器中冷却，准确称取 0.219 5 g，溶解于蒸馏水并全部转移至 1 000 mL 容量瓶中，再加硝酸 3 mL，用蒸馏水稀释至刻度，摇匀，制得 50 μg/mL 磷标准溶液。

五、试样的选取与制备

取具有代表性试样，粉碎至 40 目，用四分法缩减至 200 g，装于密封容器中，防止试样成分的变化或变质。

六、测定步骤

1. 试样分解液的制备

同“饲料中钙含量的测定”。

2. 标准曲线的绘制

准确移取磷标准溶液 0,1.0,2.0,4.0,6.0,8.0,10.0,12.0,15.0 mL 于 50 mL 容量瓶中,各加入钒钼酸铵显色剂 10 mL。用蒸馏水稀释至刻度,摇匀,放置 10 min 以上充分显色。以 0 mL 溶液为参比,用 10 mm 比色杯在 420 nm 波长下,用分光光度计测各溶液的吸光度。以磷含量为横坐标,吸光度为纵坐标绘制标准曲线(亦可回归出公式用于计算)。

3. 试样的测定

准确移取试样分解液 1 mL(含磷量 50～500 μg)于 50 mL 容量瓶中,加入钒钼酸铵显色剂 10 mL,用蒸馏水稀释至刻度,摇匀,放置 10 min 以上充分显色。以 0 mL 溶液为参比,用 10 mm 比色杯在 420 nm 波长下,测定吸光度。用标准曲线查得试样分解液的含磷量。

七、结果计算

1. 计算公式

$$P=\frac{X}{W\times\frac{V}{100}}\times\frac{100}{10^6}=\frac{X}{W\times V\times 100}$$

式中:W 为试样重(g);V 为比色测定时所移取试样分解液的体积(mL);X 为由标准曲线或回归公式算得试样分解液的含磷量(μg)。

2. 重复性

每个试样至少取两个平行样进行测定,以其算术平均值为结果。

含磷量≥0.5%时,允许相对偏差为 3%;含磷量<0.5%时,允许相对偏差为 10%。

八、注意事项

(1)配制钒钼酸铵显色剂时,偏钒酸铵和钼酸铵皆不易溶。

(2)钒钼酸铵显色剂用完需再配制时,标准曲线应重新绘制。

九、其他

除本法外,还可用氮磷钙测定仪对饲料中总磷含量进行快速测定。

实验三十三　饲料中亚硝酸盐含量的测定

一、测定原理

样品在微碱性条件下除去蛋白质,在酸性条件下试样中的亚硝酸盐与对氨基苯磺酸反应,生成重氮化合物,再与N-1-萘乙二胺盐酸盐耦合形成红色物质,进行比色测定。

二、试剂与溶液

(1)四硼酸钠饱和溶液　称取25 g四硼酸钠($Na_2B_4O_7 \cdot 10H_2O$),溶于500 mL温水中,冷却后备用。

(2)106 g/L亚铁氰化钾溶液　称取53 g亚铁氰化钾[$K_4Fe(CN)_6 \cdot 3H_2O$],溶于水中,加水稀释至500 mL。

(3)220 g/L乙酸锌溶液　称取110 g乙酸锌[$Zn(CH_3COO)_2 \cdot 2H_2O$],溶于适量水和15 mL冰乙酸中,加水稀释至500 mL。

(4)10%盐酸溶液　取23 mL分析纯盐酸(浓度36%~38%,密度1.19 g/mL),加蒸馏水至100 mL即可。

(5)5 g/L对氨基苯磺酸溶液　称取0.5 g对氨基苯磺酸($NH_2C_6H_4SO_3H \cdot 2H_2O$),溶于10%盐酸溶液中,边加边搅,再加10%盐酸溶液稀释至100 mL,贮于暗棕色试剂瓶中,密闭保存,1周内有效。

(6)1 g/L N-1-萘乙二胺盐酸盐溶液　称取0.1 g N-1-萘乙二胺盐酸盐($C_{10}H_7NHCH_2NH_2 \cdot 2HCl$),用少量水研磨溶解,加水稀释至100 mL,贮于暗棕色试剂瓶中密闭保存,1周内有效。

(7)5 mol/L盐酸溶液　量取445 mL盐酸,加水稀释至1 000 mL。

(8)亚硝酸钠标准贮备液　称取经(115±5)℃烘至恒重的亚硝酸钠0.300 0 g,用水溶解,移入500 mL容量瓶中,加水稀释至刻度,此溶液每毫升相当于400 μg亚硝酸根离子。

(9)亚硝酸钠标准工作液　吸取 5.00 mL 亚硝酸钠标准贮备液，置于 200 mL 容量瓶中，加水稀释至刻度，此溶液每毫升相当于 10 μg 亚硝酸根离子。

三、仪器设备

(1)分光光度计：有 10 mm 比色池，可在 538 nm 处测量吸光度。

(2)分析天平：感量 0.000 1 g。

(3)恒温水浴锅。

(4)容量瓶：50 mL (棕色)，100 mL，150 mL，500 mL。

(5)烧杯；100 mL，200 mL，500 mL。

(6)量筒：100 mL，200 mL，1 000 mL。

(7)长颈漏斗：直径 75～90 mm。

(8)吸量管：1 mL，2 mL，5 mL。

(9)移液管：5 mL，10 mL，15 mL，20 mL。

四、测定步骤

1. 试液制备

称取约 5 g 试样，精确到 0.000 2 g，置于 200 mL 烧杯中，加约 70 mL 温水[(60±5)℃]和 5 mL 四硼酸钠饱和溶液，在水浴上加热 15 min[(85±5)℃]，取出，稍凉，依次加入 2 mL 106 g/L 亚铁氰化钾溶液、2 mL 220 g/L 乙酸锌溶液，每一步须充分搅拌，将烧杯内容物全部转移至 150 mL 容量瓶中，用水洗涤烧杯数次，并入容量瓶中，加水稀释至刻度，摇匀，静置澄清，用滤纸过滤，滤液为试液备用。

2. 标准曲线绘制

吸取 0 mL，0.25 mL，0.50 mL，1.00 mL，2.00 mL，3.00 mL 亚硝酸钠标准工作液，分别置于 50 mL 棕色容量瓶中，加水约 30 mL，依次加入 2 mL 5 g/L 对氨基苯磺酸溶液、2 mL 5.0 mol/L 盐酸溶液，混匀，在避光处放置 3～5 min。然后加入 2 mL 1 g/L N-1-萘乙二胺盐酸盐溶液，加水稀释至刻度，混匀，在避光处放置 15 min，以容量瓶液 0 mL 亚硝酸钠标准工作液为参比，用 10 mm 比色池，在波长 538 nm 处，用分光光度计测定其他各溶液的吸光度，以吸光度为纵坐标，各溶液中所含亚硝酸根离子质量为横坐标，绘制标准曲线或计算回归方程。

3. 试样测定

准确吸取试液 25 mL，置于 50 mL 棕色容量瓶中，从“依次加入 2 mL 5 g/L 对氨基苯磺酸溶液、2 mL 5.0 mol/L 盐酸溶液”起，按步骤“(2)”的方法显色并测量试液的吸光度。

4. 结果计算

计算公式为：

$$亚硝酸钠含量=\frac{V\times m_1\times 1.5}{V_1\times m}$$

式中：V 为试样溶液总体积(150)，mL；V_1 为试样测定时吸取试液的体积，mL；m_1 为测定用试液中所含亚硝酸根离子质量，μg(由标准曲线读得或由回归方程求出)；m 为试样质量，g；1.5 为亚硝酸钠质量与亚硝酸根离子质量的比值。

实验三十四　饲料中胡萝卜素的测定

一、实验目的

(1)掌握饲料中胡萝卜素的测定方法，并用以测定各类饲料中胡萝卜素含量。

(2)了解层离分析法的应用原理。

二、实验原理

胡萝卜素族中各种色素与吸着剂有着不同的亲善度，利用亲善度的不同，可将胡萝卜素(具有生理价值的)与胡萝卜素族中其他色素(如叶绿素、叶黄素、番茄红素、玉米黄素等)分离。当胡萝卜素族提取液通过氧化镁吸着剂柱时各种色素因分子大小不同而分离，分子大的色素滞留在上层；分子小的如胡萝卜素移动到下层。于是各种色素在吸着剂上形成一条条清晰的彩色层带。当用溶剂冲洗吸着剂柱，最下层的胡萝卜素首先被冲洗出，并被收集，然后在比色计中测定其浓度；再根据胡萝卜素标准曲线，计算饲料中胡萝卜素含量。

三、仪器名称及需要量

1. 一个学生做 2 个测定所需仪器数量

名称	规格	数量
分液漏斗	250 mL	4 个
抽气管	16 cm×2.5 cm	2 个
层离管	上端漏斗部分容量约 50 mL，中部长约 18 cm，内径 0.5～0.6 cm	2 支
试管	1.5 cm×15 cm	1 支
塞棒	用软木塞 1 个，上装长柄。软木塞直径应比层离管中部内径小 0.1～0.2 cm，使之能在其中自由上下移动压平吸附剂	1 支
小玻棒	6 cm 长	1 支
量筒	带盖，50 mL	2 个
玻璃研钵	容量 100 mL，附研锤	2 个
三角瓶	500 mL	1 个

2. 公用仪器

名称	数量
抽气机	1 架
蒸锅	1 个
分光光度计	1 架

四、品名称及需要量

1. 试剂准备

(1)活塞滑剂(分液漏斗用)　22 g 甘油加 9 g 可溶性淀粉，加热至 140℃后放置 1.5 h，倒出上层清液，静置隔夜即可用。

(2)玻璃粉　将碎玻璃于铁磨中磨细，通过 20 号网筛。用浓盐酸浸泡玻璃粉，溶解粉中铁质。再用氢氧化钠浸泡并用清水冲洗，直到玻璃粉呈中性。最后将玻璃粉放烘箱烤干。

(3)吸附剂(氧化镁)　氧化镁适宜于胡萝卜素测定，能将胡萝卜素与叶黄素、番茄红素、叶绿素等分开。用过的氧化镁可收回处理后再用。处理方法如下：抽干层离管中氧化镁的溶剂，然后将管放入烘箱中烘干。烘时打开烘箱门使溶剂气体逸出，烘干后，将管中上层硫酸钠倒入一个瓶内，将下层氧化镁倒入另一个瓶中。

氧化镁通过80号细筛，并在800～900℃茂福炉中烧3 h，即可恢复其吸附力。将纯胡萝卜素液通过吸附剂氧化镁，根据胡萝卜素的收回率，检查氧化镁吸附力的强弱。

(4)石油醚　测定新鲜饲料可用沸点40～70℃的石油醚，测定干饲料可用沸点80～100℃的石油醚。

(5)丙酮　化学纯。

2. 一个学生做2个测定所需试剂量

试剂	用量
玻璃粉	2 g
活塞滑剂	1 g
氧化镁	6 g
石油醚	120 mL
硫酸钠(无水)	4 g
丙酮	80 mL

五、操作步骤(本实验在暗室中进行)

1. 提取

(1)新鲜饲料

①将新鲜饲料洗净，吹干后，用刀切碎成小块。混合后，称取样本1～2 g(估计样本中含有50～100 μg胡萝卜素)。

②随即用蒸汽处理2～5 min，破坏饲料中的氧化酶。

③再将饲料全部移入玻璃研钵中，立即加入1小勺玻璃粉及5 mL 1∶1石油醚丙酮提取液。用玻璃锤研碎饲料。

④静置片刻，将上部清液倒入1个盛有100 mL蒸馏水的分液漏斗中。

⑤剩下的残渣中再加入5～8 mL 1∶1石油醚丙酮混合液，用锤研磨，待混合液澄清后，倒入同一个分液漏斗内。

⑥重复步骤⑤。如样本中胡萝卜素量高，可用石油醚丙酮混合液再提1～2次，继续用纯丙酮提取一次，最后用混合液提取，直至提取液无色为止。

测验样本中胡萝卜素是否提净，可将提取液数滴倒入盛有数毫升水的试管中，摇动后，观察上部石油醚层的颜色。如石油醚呈无色，则已提净；如呈黄色，则仍需继续提取。

⑦提取完毕后，摇动分液漏斗 2 min（偶尔将漏斗塞启开，以减少漏斗内压力），而后静置之。等待水与石油醚层分开，小心地放出水液层入另一个 250 mL 分液漏斗中。漏斗中加水洗涤的目的是为了溶解提取液中的丙酮。如石油醚中混有丙酮，则层离时色层不清。

⑧用蒸馏水重复洗净石油醚液，将水液层集中在盛水的分液漏斗中。

⑨在盛水的分液漏斗中加入 5 mL 石油醚液，振摇之。静置后，将水放入 1 个三角瓶中，将石油醚液并入样本石油醚分液漏斗中。

（2）干饲料

①将干饲料磨碎，通过 40 号网筛。

②称干样本 0.5～4 g（一般为 1 g），放入三角瓶内，加入 20 mL 3∶7 丙酮和 80～100℃沸点石油醚混合液，在电热板上回流 1 h。回流速度应调节至每分钟以冷凝管滴下石油醚 1～3 滴。或者在三角瓶口加上塞子，将三角瓶放置在室昏暗处过夜（至少 15 h）。

③将三角瓶内混合提取液倒入一盛有 100 mL 水的分液漏斗中。

④将残渣连续提取数次，每次用 5～8 mL 石油醚，提取液并入前一分液漏斗中；洗至提取液无色为止。

⑤以下步骤按新鲜饲料⑦、⑧、⑨步骤进行。

（3）动物性饲料及其他含脂肪多的饲料

①皂化。称取样本 1～4 g（含胡萝卜素 50～100 μg），放入三角瓶内，加入 30 mL 乙醇和 5 mL 氢氧化钾，装置回流管，在电热板上回流 30 min 至皂化完成。

②提取。a. 用蒸馏水 10 mL 冲洗回流冷凝管，洗液接入皂化瓶内。b. 冷却至室温，加入 30 mL 水一并倾入分液漏斗中，用 50 mL 乙醚分 3 次冲洗皂化瓶，洗液倾入分液漏斗中。c. 轻摇分液漏斗然后静置，使上下两层分开，如摇振过猛或其中醇与醚的比例不合适，则会产生乳浊液。此时加入几毫升乙醇即可打破此胶体；如仍不行，则可加入少量水。d. 放出水液至第二个分液漏斗内，重复水洗至洗出液不呈碱性为止（用酚酞指示剂检查）。e. 静置，尽可能分离水分，提取液用无水硫酸钠和滤纸滤过入一个三角瓶中。f. 用 25 mL 乙醚洗分液漏斗、无水硫酸钠及滤纸 2 次，均洗入三角瓶中。g. 加入高沸点石油醚 5 mL 入三角瓶，接上冷凝管在水浴上加热，收回乙醚，除去残存乙醚后，加入 60～70℃的石油醚 20 mL。

2. 层离

（1）层离管（即吸附柱）的制备

①装入少许棉花于层离管尖端。棉花压紧后，装入氧化镁。装时将层离管接

在抽气管上抽气，以有柄木塞压紧氧化镁。如仍需添加氧化镁时，则应将层离管内的氧化镁表面层用骨匙拔松后再加，以免前后加入氧化镁不能很好地连接。管内氧化镁装至约 8 cm 高，最后将氧化镁表层压平。

②再在层离管中加入无水硫酸钠约 1 cm 高。加入无水硫酸钠的目的是为了防止氧化镁在层离过程中被搅动，同时无水硫酸钠可吸收提取液中的微量水分。

③取 10 mL 石油醚放入层离管内，使氧化镁湿透，并赶走其中的空气。抽气管中可放一试管以接收上面流下的液体。

(2)分层及洗脱

①当层离管内硫酸钠上面尚留有少许石油醚时，即将石油醚提取液自分液漏斗中倒入层离管，并立即抽气。

②用 5 mL 石油醚冲洗分液漏斗。待提取液几乎全部进入硫酸钠层时，即将分液漏斗中石油醚洗液加入层离管。首先通过层离管流下的液体呈无色，因色素已被氧化镁吸附。此无色液仍可倒入层离管作冲洗液用。

③连续用洗脱剂冲洗层离管，胡萝卜素随洗脱剂洗下，洗脱剂即呈黄色，将黄色液接收在试管中，当试管中液体积满时，将液体倒入有盖量筒内(洗脱剂由石油醚和丙酮混合。配合比例决定于冲洗层离管所需速度与色层的清晰程度。丙酮占石油醚的百分数为 0～10%，一般为 3%。丙酮百分数愈多，冲洗速度愈快，当层离管中胡萝卜素层带和其他色素(如叶绿素、番茄红素等)层带分离不清时，则宜用丙酮含量较低的冲洗液，使胡萝卜素层与其他色素层慢慢分开)。

④继续冲洗至冲洗液由黄色变无色为止。

⑤集中全部黄色液于一个容量瓶中，并加石油醚使冲洗液至一定容量。

3. 比色

应用分光光度计进行。

(1)样本液中胡萝卜素浓度测定

①在分光光度计光波长 440 nm 处测定样本洗出液颜色的浓度。以石油醚做空白，在分光光度计上读出样本液的光密度。

②以比色所得读数在胡萝卜素标准曲线上查出每 1 mL 所含胡萝卜素的量。然后根据取样情况计算每 100 mg 样本所含胡萝卜素量。

(2)胡萝卜素标准曲线的制备

①精确称 β-胡萝卜素结晶体或 90% β-胡萝卜素和 10% α-胡萝卜素混合体 40～60 mg，加几毫升氯仿溶解，再用石油醚稀释至 100 mL(此液临用时配制，因其在 2～3 d 内就会破坏)。

②用上述标准液配制不同浓度的标准液(0.2,0.4,0.8,1.2,1.6,2.0,2.4 μg/mL)于分光光度计上440 nm波长处测定其光密度。

③以标准液的不同浓度及比色所得光密度读数在方格纸上划出曲线,此曲线应为一直线,即浓度与光密度成正比。

六、结果与计算

$$\text{样本中胡萝卜素含量(mg/100 g)}=\frac{a\times V}{W}\times\frac{100}{1\ 000}$$

式中:W为样本重(g);V为比色时样本稀释容量(mL);a为胡萝卜素标准曲线查得每毫升样本稀释液所含胡萝卜素微克数。

七、思考题

(1)为什么测定饲料中胡萝卜素必须在暗室内进行?

(2)柱层析法的原理是什么?

实验三十五　饲料燃烧热的测定

饲料的燃烧热即饲料所含总能(GE),是饲料在燃烧过程中完全氧化成最终的尾产物(CO_2,H_2O及其他气体)所释放的热能。单位质量物质的燃烧热为该物质的热价值,单位:kJ/g。

一、实验目的

了解氧弹式热量计的简单结构,饲料热的测定原理和具体操作步骤。

二、原理

在绝热条件下,1 mol有机物完全燃烧所产生的热量,称为该物质的燃烧热。将饲料在氧弹内通入氧气使其完全燃烧,测定该氧化反应放出的热量,从而计算单位质量物质放出的热能,称为该物质的热价值或总能(GE)。

三、主要的仪器设备

(1)植物样品粉碎机。

(2)压样机。

(3)绝热型氧弹热量计。

(4)氧气钢瓶。

四、试剂

(1)苯甲酸。

(2)镍铬燃烧丝。

(3)氧气。

五、测定步骤

1. 准备工作

(1)样品的准备　采集的饲料样品用四分法缩减至 200 g,经粉碎,过筛,用压样机压成 0.5～1.0 g 的小片,放入干燥器,备用。

(2)坩埚的准备　将坩埚洗净烘干,用铅笔编号后置于高温炉中 550～600℃灼烧 30 min 后放在干燥器中冷却称量。

(3)引火丝的准备　量取 10 cm 的引火丝数根,然后称量求其平均值备用。

(4)加水及充氧　将压好的样品片于 105℃烘干 4 h,冷却,称量(m),放入铂坩埚内。把铂坩埚移至氧弹电极支架上,将连接在两根电极柱上的 10 cm 长镍铬燃烧丝的中部接近样品。然后向氧弹底部加 10 mL 水,把电极装入氧弹内,套上垫圈,旋紧弹帽,经减压阀慢慢向氧弹内充氧气至 0.5 MPa,使空气排尽,再充压至 2.0 MPa。

(5)内外套筒的准备及热量计的安装　将自动容量筒中准备好的 2 000 g 纯水(室温)注入内套筒中,主机的外套应充满水,调节外套温度并控制到适当位置,使其温度高于内套水温 5～7℃。一般情况下冬季设定室温 18～19℃,夏季设定室温 20～25℃。

氧弹应放在内筒的合适位置,勿使搅拌器的叶子与内筒或氧弹接触。然后插上电极鞘,盖上盖子,调节贝克曼温度计。

2. 测定工作

接通电源开关,开动搅拌器,开始进行测定。

(1)燃烧前期　是热量计与外界环境热交换的平衡期。搅拌器开动 3～5 min 后,等水温均匀后开始记录温度,每分钟 1 次,当温度接近恒定时,连续 3 次温差不超过 0.001℃为止,最后一次读温是初始温度。

(2)燃烧期　点火,样品开始燃烧,产生的热经氧弹壁迅速传至周围的水中,水温上升,此时应 30 s 读温一次。直至温度不再上升为止,燃烧即将结束。

(3)燃烧后期　燃烧结束即为末期的开始,首先将计时装置拨至 1 min 处,待温度稳定后开始读数,连续 3 次温差不超过 0.001℃时为止。

3. 结束工作

测定结束后,停止搅拌,关闭电源,小心取下贝克曼温度计,擦干后放好,然后打开盖子,用铁钩从内筒取出氧弹。

把取出的氧弹排气阀打开,慢慢放出废气。旋开氧弹帽,取出电极头。从弹头电极上小心取下未燃烧完的镍铬燃烧丝,拉直测量其剩余长度。

用洗瓶冲洗氧弹体内壁、弹盖内面、电极柱和铂坩埚 2、3 次。

用水冲洗氧弹各内壁,擦干,准备测定下一个样品。

六、结果计算

饲料样品的燃烧值或总能 E 按下式计算

$$E=[K(T-T_0)-gb]/m$$

式中:E 为饲料样品的总能,MJ/g;m 为试样质量,g;K 为热量计的热容,MJ/℃;g 为引火丝质量;b 为引火丝热值;T 为末期最终温度;T_0 为初期最终温度。

每试样取两个平行样测定,取平均值,允许相对偏差≤5%。

七、注意事项

(1)氧弹和内套筒均系金属铸造,注意保护各抛光面,防止划痕变形,否则影响测定结果的准确度。

(2)仪器一旦调试后,使用人员应严格遵守上述操作步骤,非经实验室指导教师许可不得擅自调试或旋动其他阀门或开关。

(3)温度的测定要使用贝克曼温度计,属于精密测温仪器,最小刻度为 0.01℃,用放大镜可读至 0.001℃。

八、水当量的测定

概念:水当量是热量计整个体系的热容量。

原理:热量计整个体系的热容量,为了计算方便,用相当于水的质量。即使整个体系温度上升1℃所需要的热量，使多少克水温度上升1℃。

方法：用已知热值的纯有机化合物来代替饲料样品，如苯甲酸、蔗糖等。水当量测定结果不少于5次，且每次测定值不超过平均值的±0.1%。

热量计的热容量又称水当量，它是用标准热值物质（如苯甲酸）来测定的，测定的步骤同样品测定步骤，用苯甲酸代替样品。热量计的热容K按下式计算

$$K=(Qa-gb)/(T-T_0)$$

式中：K为热量计的热容，MJ/℃；Q为苯甲酸标准热值26.46，MJ/g；a为苯甲酸质量；g为引火丝质量；b为引火丝热值；T为末期最终温度；T_0为初期最终温度。

实验三十六　饲草料物理性状的检验

一、感官鉴定方法

感官鉴定是对样品不加以任何处理，直接通过感觉器官进行鉴定。

(1)视觉　观察饲料的形状、色泽、颗粒大小、有无霉变、虫子、硬块、异物等。

(2)味觉　通过舌舔和牙咬来辨别有无异味和干燥程度等。

(3)嗅觉　嗅辨饲料气味是否正常，鉴别有无霉臭、腐臭、氨臭、焦臭等。

(4)触觉　将手插入饲料中或取样品在手上，用指头捻，通过感触来判断粒度大小、软硬度、黏稠性、有无夹杂物及水分含量等。

感官鉴定是最普通、最初步、简单易行的鉴定方法。经验和熟练是技术人员最重要的检查先决条件，有经验的检验人员判断结果的准确性很高。

二、物理鉴定方法

1.容重法

(1)实验目的　根据饲料容重，可初步判断饲料的品质，并供进一步鉴别和化验分析。

(2)实验原理　容重是指单位体积的饲料所具有的质量，通常以1 L的饲料质量计。各种饲料原料均有其一定的容重。测定饲料样品的容重，并与标准纯品的容重进行比较，可判断有无异物混入和饲料的质量。如果饲料原料中含有杂质或掺杂物，容重就会改变(或大或小)。

常见饲料的容重，见表18。

表 18　常见饲料的容重

饲料名称	容重	饲料名称	容重
麦(皮麦)	580	大麦混合糠	290
大麦(碎的)	460	大麦细糠	360
黑麦	730	大豆饼粕	594.1～610.2
燕麦	440	绵子饼	480
粟	630	亚麻子饼	500
玉米	730	淀粉糟	340
玉米(碎的)	58	鱼粉	700
碎米	750	碳酸钙	850
糙米	840	贝壳粉(粗)	630
小麦麸	350	贝壳粉(细)	600
米糠	337.2～350.7	盐	830
脱脂米糠	426		

(3)仪器与设备　粗天平(感量 0.1 g)、小刀、药匙、刮铲、量筒(1 000 mL)、不锈钢盘(30 cm×40 cm)等。

(4)样品制备　饲料样品应彻底混合,无需粉碎。

(5)测定步骤

①用四分法取样,然后将样品仔细地放入 1 000 mL 的量筒内,用药匙调整容积,直到正好达 1 000 mL 刻度为止。注意:放入饲料样品时应轻放。

②将样品从量筒中倒出并称重。

③反复测量 3 次,取平均值,即为该饲料的容重。

2. 比重鉴别法

比重鉴别法是根据饲料样品在一定比重的溶剂中的沉浮情况来鉴别是否混入异物、异物种类和混入比例。该方法比较简单有效,在实际中易于应用。例如,使用下述比重液(低汽油,0.64;甲苯,0.88;水,1.00;氯仿,1.47;四氯化碳,1.58;三嗅甲烷,2.90),可鉴别出鱼粉及其他种饲料中混杂的土、沙等异物。

混入土、沙的鉴别方法:用试管或细长的玻璃杯盛上饲料样品,加入 4～5 倍的蒸馏水(或干净自来水等),充分振荡混合,静置一段时间后,因为土、沙等异物的比重大,所以沉降在试管的最底部,很容易鉴别出来。

三、思考题

(1)感官方法可以鉴定饲料的哪些特征?如何运用感官方法鉴定饲料的品质?

(2)饲料的纤维镜检的原理是什么?如何进行镜检的定性和定量分析操作?

第五部分　实验操作规程及注意事项(附录)

附录一　主要实验仪器操作规程

一、电子天平操作规程

(1)使用前　观察水平仪,调整水平调节脚,使水泡位于水平仪中心。

(2)开机　按开关键ON,2 s后显示本机型号“××××”,再2 s后显示“0.0000”。

(3)校正　用砝码进行校正,按CAL(校正键),稍许后放入砝码,出现该天平的最大称量数,取下砝码显示零,则表示校正成功;若出现的不是最大称量数或零,需按TAR(归零键)归零,再加砝码进行校正,重复3次。

(4)称量　每次称量,都要关闭侧门、顶门。

(5)清零“TAR”　每称完一个样品都要归零,需要盛器的样品,称完盛器后先归零,保证再称的质量为样品质量。

注意事项:

a.本机应置于稳定的工作台面上,避免震动、阳光照射和气流。

b.相对湿度应小于75%。

c.工作环境温度15～25℃,避免温差过大。

d.每次称量时,侧门要轻开、轻关。

e.经常更换内置的变色硅胶,以保持干燥。

f.保持天平内无饲料粉末。

g.不要轻易挪动电子天平。

二、马福炉操作规程

(1)接通电源。

(2)设定温度　将仪器温度指示仪调至测量所需温度[测灰分(550±20)℃],绿灯升温,红灯定温。

(3)测量　从达到设定温度时计时开始。

(4)放入样品时不要碰到炉胆内的电热耦。

(5)取样　时间到达所需时间后(测灰分需灼烧 4 h),先将炉门微开,温度降至200℃以下,才能将坩埚取出,以免内外温差过大致坩埚炸裂。

三、恒温干燥箱操作规程

(1)通电　打开电源开关,绿灯亮。

(2)调温　将控温仪旋钮按照逆时针旋至所需温度处,测定水分所需温度:(105±2)℃。

(3)恒温　温度升至设定温度时,即红绿灯交替明熄时。

(4)放样　将待测样品放入箱中,称样皿半开盖,样品不要过于拥挤,确保空气流动顺畅。

(5)打开鼓风　以利于样品受热均匀计时。

(6)取样　烘 4 h,将样品取出,放入干燥器中,约需 30 min 后称量计算。

注意事项:

a. 恒温干燥箱应放置平稳,不得倾斜与震动,以免箱内温度不匀。

b. 恒温干燥箱周围不得与高温或易燃物接近。

c. 不得放易燃易爆物品。

d. 顶部温度计显示数与设定所需温度数保持一致(温度校正)。

e. 打开鼓风保证受热均匀。

四、凯氏定氮仪操作规程

(1)开关顺序　先打开冷却水开关,再开电源。

(2)预热　手动打开蒸汽开关,蒸馏数分钟直到三角烧瓶中有液体流出。

(3)测定

①换上一个待测样品,放好接收液。为了避免交叉污染,请不要用手接触输出管,必要时请握住输出管的塑料部分。

②加 NaOH,然后打开蒸汽开关,进行蒸馏,蒸馏到 150 mL,把输出管往上提,再蒸馏片刻。

③取下三角瓶,输出管末端用少量蒸馏水冲洗,洗液均流入测该样品的三角瓶内。

④样品全部检测结束时,放一空消化管和一空三角烧瓶进行空蒸,直到三角烧

瓶中有液体流出。

⑤关闭电源及水源。

注意事项：

a. 定期进行蒸汽缸清洗：100 mL 柠檬酸溶于 800 mL 水中。

b. 蛋白全部检测结束后，对定氮仪的外观及消化管与定氮仪的接口处用湿抹布轻轻擦掉外漏的碱。

c. 每次使用前检查输往蒸汽发生器中的蒸馏水的水位。

五、离心机操作规程

(1)放样　将待测样品等量对称性地放入离心槽中。

(2)开机　打开电源开关。

(3)定时　调整离心所需要的时间。

(4)转速　调整离心所需的转速(一档 500 转)。

(5)归位　结束后，一定要将转速回调为“0”，保证下次离心时转速由低到高。

注意事项：

a. 放置台面一定要平整。

b. 当在使用时读数在 0～1 000 处不启动时，应将旋钮拨至 4 000 处(即最大转速处)，待空转 20 min 后，即可从 0 至高速运转(因气温关系内部油脂凝固而影响运转)。

六、数显恒温水浴锅操作、维护规程

1. 技术参数

电源：220 V　50 Hz

功率：800 W

熔丝管：8 A

温控范围：室温至 100℃

温控精度：≤±0.5℃

温升速度：由室温升至沸点≤70 min

搅拌速度：0～1 000 r/min

搅拌功率：3～6 W

使用环境：环境温度 5～40℃；相对湿度≤80%

2. 适用范围

适用于数显恒温水浴锅的操作。

3. 操作步骤

(1)往水箱中注入适量的洁净自来水。

(2)将控温旋钮调到最低(从左向右调节温度逐渐增大)。

(3)接通电源,打开电源开关。

(4)将控制小开关置于"设定"段,此时显示屏显示的温度为设定的温度,调节旋钮,设置到工作所需温度即可。此时黄灯亮,表示仪器正在加热。

(5)将控制小开关置于"测量"端,此时显示屏显示的温度为水箱内水的实际温度,随着水温的变化,显示的数字也会相应地变化。

(6)当加热到设定的温度时,加热会自动停止。绿色指示灯亮;当水箱内的水热量散发,低于设定的温度时,黄灯亮,继续加热。

(7)如果水温不均匀,可打开搅拌功能,慢慢调节搅拌旋钮,让水箱内水自动循环。

(8)工作完毕,将温控旋钮置于最小值,切断电源。

4. 注意事项

(1)水箱内注水时,加热管至少应低于水面 5 cm。

(2)仪器工作中,水箱内水位低时,应及时加入适量的水,以防水箱内水蒸发干后,导致加热管爆裂。

(3)设定工作温度时,应设置其高于环境温度,否则机器不工作。

(4)高温使用仪器时,人体不要接触仪器上部的铁片,以免烫伤。

(5)更换熔丝管,一定要先切断电源。

(6)为仪器配备的电源插座的电器额定参数应大于仪器的电器额定参数,并有良好的接地措施。

5. 仪器维护

(1)水箱应注入洁净自来水或蒸馏水。

(2)每周更换一次水箱内的水,并彻底清除水垢。

(3)若仪器较长时间不使用,将水箱中的水排尽,并用软布擦净、晾干仪器。

注意事项:

a. 切勿锅内无水或水位低于电热管,以防电热管爆损。

b. 必须使用 220 V 电源。

c. 必须可靠接地。

d. 水不可溢入控制箱内,以免发生危险。

e. 使用结束后,切勿忘记关掉电源。

七、真空泵、抽滤装置操作规程

(1)打开开关前,一定先将出气胶塞拔开。

(2)察看抽滤瓶中的干燥剂、浓硫酸,保证连接正确。

(3)将抽滤漏斗放牢在胶塞上。

(4)打开真空泵开关,将消煮后的样品缓慢倒入抽滤漏斗(或古氏坩埚)中。

(5)水洗样品 3～4 次。

(6)样品烘干或灼烧,计算。

八、电热蒸馏水器操作规程

(1)注水　将冷却水注入蒸发锅,至水位稍高出玻璃水位镜。

(2)通电　保证电压相符,接地良好。

(3)蒸馏　当锅内水沸腾时,调节冷却水流量,由小到大至正常,需 2～3 min 开始出蒸馏水。

(4)预蒸　由于冷却器为金属材料制成,蒸馏水每次使用前也需要 30 min 预蒸后方可使用。

(5)防水、清洗　使用完后要将剩水排净,并清洗干净,保持干燥清洁。

注意事项:

a. 必须保证水压稳定,压力不能过大过小。

b. 冷却水流量合适,过小可能沸锅,过大可能造成蒸发锅内水不沸腾。

c. 回水管注水口应对准漏斗进水孔,如有偏差请将回水管拆下调正后再用。

d. 进水管、排水管、蒸馏水管的内径不能小于仪器水嘴的内径,保证水流畅通。

e. 排水管、蒸馏水管不宜过长,不能将出水管放入水中,避免接触液面。

特别提醒:

新蒸馏水器开始使用时,要经过 10～16 h 的预蒸,所制取的蒸馏水经检验合格方可使用。

九、脂肪提取仪操作规程

(1)连接好进水管、出水管。

(2)将烘后的滤纸包(待测样品)放入抽滤瓶中。

(3)将石油醚倒入抽滤瓶至 2/3 处。

(4)打开水浴锅开关,设定所需温度。据石油醚的沸点调节温度一般在 60～90℃。

(5)调节抽滤速度至每分钟 5 次为宜。

(6)约抽滤 5 h 至流出的石油醚挥发后不留下油污为终点。

(7)将样品取出,放通风橱中将残留的石油醚蒸发掉。

(8)烘干,称样,计算。

注意事项:

a. 抽滤完后,一定不要直接放入烘箱中烘干,危险!

b. 注意水浴锅内的水位——不能太低。

十、722 型分光光度计操作规程

(1)预热　打开电源开关,预热 15 min 以上。

(2)放样　第一个比色皿放空白液,其他放待测液。

(3)调波长　将旋钮调至所需波长处。

(4)调满度　将档位调至透光度“ T”,然后调满度“100”。

(5)调零　调完满度后,再开盖调“0”。

(6)调吸光度零　将档位调至吸光度“A”,调“0”。

(7)测定　拉动比色架拉杆,记数。

注意事项:

a. 保持台面平整。

b. 防尘防震。

c. 注意散热。

d. 取放要拿比色皿毛面。

十一、pH 计的操作规程

(1)技术参数。

(2)适用范围　适用于 PHS-3C 型 pH 计的操作。

(3)操作步骤

①开机前准备:

a. 电极梗旋入电极梗插座,调节电极夹到适当位置;

b. 复合电极夹在电极夹上拉下电极前端的电极套;

c. 拉下橡皮套，露出复合电极上端小孔。用蒸馏水清洗电极。

②开机：电源线插入电源插座，按下电源开关，电源接通后，预热 30 min，接着进行标定。

③标定：仪器使用前，先要标定。一般说来，仪器在连续使用前，每天要标定一次。

a. 在测量电极插座处拔去 Q9 短路插头。

b. 在测量电极插座处插上复合电极。

c. 如不用复合电极，则在测量电极插座处插上电极转换器的插头，玻璃电极插头插入转换器插座处，参比电极接入参比电极接口处。

d. 把选择开关旋钮调到 pH 档。

e. 调节温度补偿旋钮，使旋钮白线对准溶液温度值。

f. 把斜率调节旋钮顺时针旋到底（调到 100%位置）。

g. 把用蒸馏水清洗过的电极插入 pH＝6.86 的缓冲溶液中。

h. 调节定位调节旋钮，使仪器显示读数与该缓冲溶液当时温度下的 pH 相一致（如用混合磷酸盐定位温度为 10℃时，pH＝6.92）。

i. 用蒸馏水清洗电极、再插入 pH＝4.00（或 pH＝9.18）的标准缓冲溶液中，调节斜率旋钮使仪器显示读数与该缓冲溶液中当时温度下的 pH 一致。

j. 重复 g～i 直至不用再调节定位或斜率两调节旋钮为止。

k. 仪器完成标定。

④测量 pH：经标定过的仪器，可用来测量被测溶液，被测溶液与标定溶液温度相同与否，测量步骤也有所不同。

被测溶液与定位溶液温度相同时，测量步骤如下：

a. 用蒸馏水清洗电极头部，用被测溶液清洗一次。

b. 把电极浸入被测溶液中，用玻璃棒搅拌溶液使溶液均匀，在显示屏上读出溶液的 pH 值。

被测溶液和定位溶液温度不同时，测量步骤如下：

a. 用蒸馏水清洗电极头部，用被测溶液清洗一次。

b. 用温度计测出被测溶液的温度值。

c. 调节“温度”调节旋钮，使白线对准溶液温度值。

d. 把电极插入被测溶液内，用玻璃棒搅拌溶液，使溶液均匀后读出该溶液的 pH 值。

⑤测量电极电位（mV）：

a. 把离子选择电极或金属电极和参比电极夹在电极架上（电极夹选配）。

b. 用蒸馏水清洗电极头部，用被测溶液清洗一次。

c. 把电极转换器的插头插入仪器后部的测量电极插座处，把离子电极的插头插入转换器的插座处。

d. 把参比电极接入仪器后部的参比电极接口处。

e. 把两种电极插在被测溶液内，将溶液搅拌均匀后，即可在显示屏上读出该离子选择电极的电极电位(mV 值)，还可自动显示正负极性。

f. 如果被测信号超出仪器的测量范围，或测量端开路时，显示屏会不亮，作超载报警。

g. 使用金属电极测量电极电位时，用带夹子的 Q9 插头，Q9 插头接入测量电极插座处，夹子与金属电极导线相接，参比电极接入参比电极接口处。

注意事项：

a. 经标定后，定位调节旋钮及斜率调节旋钮不应再有变动。标定的缓冲溶液第一次应用 pH＝6.86 的溶液，第二次应用接近被测溶液 pH 的缓冲液，如被测溶液为酸性时，缓冲溶液应选 pH＝4.00，如被测溶液为碱性时则选 pH＝9.18 的缓冲液。一般情况下，在 24 h 内仪器不需再标定。

b. 清洗电极，选用清洗剂时，不能用四氯化碳、三氯乙烯、四氢呋喃等能溶解聚碳酸树脂的清洗液，因为电极外壳是用聚碳酸树脂制成的，其溶解后极易污染敏感玻璃球泡，从而使电极失效。也不能用复合电极去测上述溶液。

(4)仪器维护

①pH 计的维护：仪器的正确使用与维护，可保证仪器正常、可靠地使用，特别是 pH 计一类的仪器，它必须具有很高的输入阻抗，而使用环境需经常接触化学药品，所以更需全力维护。

a. 仪器的输入端(测量电极插座)必须保持干燥清洁。仪器不用时，将 Q9 短路插头插入插座，防止灰尘及水汽浸入。在环境温度较高的场所使用时，应把电极插头用干净纱布擦干。

b. 带夹子连线的 Q9 插头及电极转换器专为配用其他电极时使用，平时注意防潮防尘。

c. 测量时，电极的引入导线应保持静止，否则会引起测量不稳定。

d. 仪器采用了 MOS 集成电路，因此，在检修时应保证电烙铁有良好的接地。

e. 用缓冲溶液标定仪器时，要保证缓冲溶液的可靠性，不能配错缓冲溶液，否则将导致测量结果产生误差。

②电极的维护：

a. 电极在测量前必须用已知 pH 的标准缓冲溶液进行定位标准，其值愈接近被测值愈好。

b.取下电极套后,应避免电极的敏感玻璃泡与硬物接触,因为任何破损或擦毛都使电极失效。

c.测量后,及时将电极保护套套上,电极套内应放少量内参比补充液以保持电极球泡的湿润。切忌浸泡在蒸馏水中。

d.复合电极的内参比补充液为 3 mol/L 氯化钾溶液、补充液可以从电极上端小孔加入。复合电极不使用时,拉上橡皮套,防止补充液干涸。

e.电极的引出端必须保持清洁干燥,绝对防止输出两端短路,否则将导致测量失准或失效。

f.电极应与输入阻抗较高的 pH 计(阻抗≥1 012 Ω)配套,以使其保持良好的特性。

g.电极应避免长期浸在蒸馏水、蛋白质溶液和酸性氟化物溶液中。

h.电极避免与有机硅油接触。

i.电极经长期使用后,如发现斜率略有降低,则可把电极下端浸泡在 4% HF(氢氟酸)中 3~5 s,用蒸馏水洗净,然后在 0.1 mol/L 盐酸溶液中浸泡,使之复新。

j.被测溶液中如含有易污染敏感球泡的物质而使电极钝化,会出现斜率降低现象,显示读数不准。如发生该现象,则应根据污染物质的性质,用适当溶液清洗,使电极复新。

③污染物质和清洗剂参考如下:

污染物	清洗剂
无机金属氧化物	低于 1 mol/L 稀酸
有机油脂类物质	稀洗涤剂(弱碱性)
树脂高分子物质	酒精、丙酮、乙醚
蛋白质血球沉淀物	酸性酶溶液(如食母生)
颜料类物质	稀漂白液、过氧化氢

④常见故障及其处理

故障	原因及处理
电源接通,数字乱跳	仪器输入端开路。应插入短路插或电极插头
定位能调 6.86,但调不到 4.0	电极失效,更换电极

附录二　部分相关试剂配制注意事项

为避免检验实验室发生安全事故,制定化验室检验方法相关试剂配制注意事项,以强化实验室管理人员及操作人员的安全意识,消除安全隐患。具体如下:

一、饲草料中钙的测定试剂配制注意事项

(1)盐酸水溶液(1+3,$V+V$)　盐酸易挥发,由于其遇水会大量放热,所以配制溶液时先加水再缓慢加入盐酸,边加边搅拌,切忌将水加入酸中,避免发生沸溅。配制时要注意选择适当容器(如大烧杯等),可将烧杯放入适量冷水中,不得使烧杯漂浮。操作人员需佩戴口罩、耐酸碱手套,操作过程应在通风橱内进行。

(2)氢氧化钾溶液(200 g/L)　称取 20 g 氢氧化钾溶于 100 mL 水中。

氢氧化钾遇水和水蒸气大量放热,形成腐蚀性溶液,具有强腐蚀性。操作人员在稀释或制备溶液时,应把碱加入水中,避免沸腾和飞溅,而且要佩戴耐酸碱手套、防护口罩,远离易燃可燃物,整个过程需在通风橱内进行。

(3)淀粉溶液(10 g/L)　称取 1 g 可溶性淀粉与 200 mL 烧杯中,加 5 mL 水润湿,加 95 mL 沸水搅拌,煮沸,冷却备用。

注意:淀粉溶液要现用现配。

(4)钙标准溶液(0.001 0 g/mL)　称取 2.497 4 g 于 105~110℃干燥 3 h 的基准物碳酸钙,溶于 40 mL 盐酸(1+3)中,加热赶出二氧化碳,冷却,用水移至 1 000 mL 容量瓶中,稀释至刻度。

注意:碳酸钙对眼睛有强烈刺激作用,对皮肤有中度刺激作用,称取药品时要佩戴防护口罩、手套。本品可燃,要远离火种、热源。

(5)乙二胺四乙酸二钠(EDTA)标准滴定溶液　称取 3.8 g EDTA 与 200 mL 烧杯中,加 200 mL 水,加热溶解冷却后转至 1 000 mL 容量瓶中,用水稀释至刻度。

注意:乙二胺四乙酸二钠可燃,具有刺激性,称量时要佩戴防护口罩、手套,远离火种、热源。

二、饲草料中总磷的测定试剂配制注意事项

(1)盐酸溶液(1+1,$V+V$)　盐酸易挥发,由于其遇水会大量放热,所以配制溶液时先加水再缓慢加入盐酸,边加边搅拌,切忌将水加入酸中,避免发生沸溅。配制时要注意选择适当容器(如大烧杯等),可将烧杯放入适量冷水中,不得使烧杯

漂浮。操作人员需佩戴口罩、耐酸碱手套,操作过程应在通风橱内进行。

(2)钒钼酸铵显色剂　称取偏钒酸铵 1.25 g,加水 200 mL 加热溶解,冷却后再加入 250 mL 硝酸;另称取钼酸铵 25 g,加水 400 mL 加热溶解,在冷却的条件下,将两种溶液混合,用水定容至 1 000 mL,避光保存,若生成沉淀,则不能继续使用。

注意:偏钒酸铵、钼酸铵有毒,具刺激性,称量时要佩戴防护口罩、手套。浓硝酸具有强腐蚀性,纯品为无色透明发烟液体,操作时须佩戴耐酸碱手套同时在通风橱内进行。

(3)磷标准液　将磷酸二氢钾在 105℃干燥 1 h,在干燥器中冷却后称取 0.219 5 g 溶解于水,定量转入 1 000 mL 容量瓶中,加硝酸 3 mL 用水稀释至刻度,摇匀,即为 50 μg/mL 的磷标准液。

三、饲草料中亚硝酸盐的测定试剂配制注意事项

(1)氯化铵缓冲溶液　1 000 mL 容量瓶中加入 500 mL 水,再加入 20 mL 盐酸后摇匀,加入 50 mL 氢氧化铵,用水稀释至刻度。用稀盐酸和稀氢氧化铵调节 pH 至 9.6~9.7。

注意:配制药品时先加水后加盐酸,由于盐酸遇水大量放热,加入盐酸时要沿壁缓慢加入,避免发生沸溅,氢氧化铵受热易放出氨气,氨气与空气混合可形成爆炸性混合物所以应远离热源、火源,配制时需佩戴耐酸碱手套、口罩,同时在通风橱内进行。

(2)硫酸锌溶液(0.42 mol/L)　称取 120 g 硫酸锌,用水溶解并稀释至 1 000 mL。

注意:硫酸锌对眼有中等度刺激性,受高热分解放出有毒的气体,所以药品贮存要远离火种、热源,称取药品要佩戴防护眼镜。

(3)氢氧化钠溶液(20 g/L)　称取 20 g 氢氧化钠,用水溶解并稀释至 1 000 mL。

注意:氢氧化钠易溶于水,溶解时会放出大量的热;有很强的腐蚀性,称取时需放在玻璃容器中进行,制备溶液时,应把碱加入水中避免沸腾和飞溅。操作过程应佩戴耐酸碱手套、口罩,同时在通风橱内进行。

(4)60%乙酸溶液　量取 600 mL 乙酸于 1 000 mL,容量瓶中,用水稀释至刻度。

注意:乙酸易燃,具有强刺激性,其蒸气与空气可形成爆炸性混合物,遇明火、高热能引起燃烧爆炸。配制时需使用防爆型的通风系统和设备,操作人员需佩戴耐酸碱手套、口罩,远离火种、热源。

(5)对氨基苯磺酸溶液　称取 5 g 对氨基苯磺酸,溶于 700 mL 水和 300 mL 冰乙酸中,置棕色瓶中保存,1 周内有效。

注意:对氨基苯磺酸具有刺激性,称量时操作人员需佩戴口罩、手套。冰乙酸易燃,具有强腐蚀性,其蒸汽与空气可形成爆炸性混合物,所以要远离火种、热源,配制药品时必须使用防爆型通风设备。

(6)N-1-萘基乙二胺溶液(1 g/L)　称取 0.1 g N-1-萘基乙二胺,加 60%乙酸溶解并稀释至 100 mL,混匀后置棕色瓶中,在冰箱内保存,1 周内有效。

注意:乙酸易燃,具有强腐蚀性,其蒸汽与空气可形成爆炸性混合物,所以要远离火种、热源,配制药品时必须使用防爆型通风设备。

(7)显色剂　临用前将 N-1-萘基乙二胺溶液和对氨基苯磺酸溶液等体积混合。

(8) 亚硝酸钠标准溶液　称取 250.0 mg 经(115±50)℃烘至恒重的亚硝酸钠,加水溶解,移入 500 mL 容量瓶中,加 100 mL 氯化铵缓冲液,加水稀释至刻度,混匀,在 4℃避光保存。

注意:亚硝酸钠为无机氧化剂,与有机物、可燃物的混合物能燃烧和爆炸,加热或遇酸能产生剧毒的氮氧化物气体,所以称取药品时需佩戴橡胶手套、口罩,配制溶液时需远离热源、火种,同时在通风橱内进行。

四、饲料中微量元素的测定试剂的配制注意事项

(1)盐酸(c=12 mol/L)　量取 540 mL 加入溶液 500 mL 超纯水中。

(2)盐酸溶液:(c=6 mol/L)　量取 270 mL 溶液加入 500 mL 超纯水中。

(3)盐酸溶液:(c=0.6 mol/L)　量取 54 mL 溶液加入 1 000 mL 超纯水中。

注意:盐酸、易挥发,由于其遇水会大量放热,所以配制溶液时先加水再缓慢加入盐酸,边加边搅拌,切忌将水加入酸中避免发生沸溅。配制时要注意选择适当容器(如大烧杯等),可将烧杯放入适量冷水中,不得使烧杯漂浮。操作人员需佩戴口罩、耐酸碱手套,操作过程应在通风橱内进行。

(4)硝酸镧溶液　溶解 133 g 的硝酸镧溶于 1 L 水中。

注意:硝酸镧是无机氧化剂。遇可燃物着火时,能助长火势。与可燃物的混合物易于着火,并会猛烈燃烧。高温时分解,释出剧毒的氮氧化物气体。称量时需戴口罩、手套,用具塞容器小心称量,防止泄露,配置时戴口罩、手套,在无明火无热源的通风橱中进行。避免与还原剂、易燃或可燃物接触。

(5)氯化铯溶液　溶解 100 g 氯化铯于 1 L 水中。

注意:氯化铯热分解排出有毒氯化物烟雾,称量时需戴口罩、手套,用具塞容器小心称量,防止泄露,配制时戴口罩、手套,在无明火无热源的通风橱中进行。避免与酸类接触。

(6)铜、锰、锌、铁、钙、钠、钾、镁标准中间液(浓度为 10 μg/mL)　分别准确吸

取铜、锰、锌、铁、钙、钠、钾、镁贮备液 1 mL,用水定容至 100 mL。

注意:铜、锰大量接触会中毒。配制时需戴防护口罩及防毒手套在无明火无热源通风橱中进行。

五、饲料中真蛋白质含量的测定试剂配制注意事项

(1)40%氢氧化钠水溶液　称取 400 g 氢氧化钠溶于 1 000 mL 蒸馏水中。

注意:氢氧化钠易溶于水,溶解时会放出大量的热;有很强的腐蚀性,称取时需放在玻璃容器中进行;制备溶液时,应把碱加入水中避免沸腾和飞溅。操作过程应佩戴耐酸碱手套、口罩,同时在通风橱内进行。

(2)2%硼酸水溶液　称取 20 g 硼酸溶于 1 000 mL 蒸馏水中。

注意:硼酸具有刺激性,受高热分解放出有毒的气体。称取药品时需佩戴防护口罩 、手套,配制时需在通风橱内进行。

(3)5%氯化钡水溶液　称取 50 g 氯化钡用水溶解定容至 1 000 mL。

注意:氯化钡为有毒品称取药品时需佩戴口罩、手套。

(4)10%硫酸铜溶液　称取 100 g 硫酸铜溶于 1 000 mL 蒸馏水中。

注意:硫酸铜受高热分解产生有毒的硫化物烟气,所以要远离热源。

六、饲草料中中性洗涤纤维的测定试剂的配制注意事项

中性洗涤剂　准确称取 18.6 g 乙二胺四乙酸二钠和 6.8 g 四硼酸钠放入 100 mL 烧杯中,加入适量水加热溶解,冷却后再加入 30 g 十二烷基硫酸钠和 10 mL 乙二醇乙醚;再称取 4.56 g 无水磷酸氢二钠于另一烧杯中加适量水加热溶解,冷却后将两种溶液转移到 1 000 mL 容量瓶中,并用水定容至刻度,此溶液的 pH 为 6.9～7.1。

注意:乙二胺四乙酸二钠可燃,具有刺激性,称量时戴防护口罩、手套,用具塞容器小心称量,防止泄露。加热溶解时温度不宜太高。十二烷基硫酸钠可燃,具刺激性,具致敏性。遇明火、高热可燃。受高热分解放出有毒的气体。称量时戴防护口罩、手套,用具塞容器小心称量,防止泄露。配制时戴口罩、手套,在无明火无热源的通风橱中进行。避免与强氧化剂接触。

七、饲料中酸性洗涤纤维的测定试剂的配制注意事项

(1)酸性洗涤剂　称取 20 g 十六烷基三甲基溴化铵溶于 1 000 mL 1.0 mol/L 的硫酸溶液中,搅拌溶解,必要时过滤。

注意:十六烷基三甲基溴化铵遇明火、高温、强氧化剂可燃;燃烧排放含氮氧化

物、溴化物刺激烟雾，称取十六烷基三甲基溴化铵时需戴口罩、手套，用具塞容器小心称量，防止泄露，搅拌时防止外溅，在无明火无热源的通风橱中进行。

(2)硫酸溶液(c=1.00 mol/L)　准确移取30 mL硫酸溶于1 000 mL水中，摇匀待标定后使用。

注意：硫酸有强烈的腐蚀性和吸水性，遇水大量放热，可发生沸溅，吸取硫酸时需戴口罩、手套，小心移取，防止泄露，配制溶液时先加水再缓缓将硫酸放入水中，边加边搅拌，切忌将水加入酸中避免发生沸溅。配制时要注意选择适当容器(如大烧杯等)，可将烧杯放入适量冷水中，不得使烧杯漂浮。操作过程应在通风橱内进行。

八、饲料中粗纤维的测定试剂的配制注意事项

(1)盐酸溶液(c=0.5 mol/L)　量取45 mL溶液1 000 mL超纯水中。

注意：盐酸易挥发，由于其遇水会大量放热、所以配制溶液时先加水再缓慢加入盐酸，边加边搅拌，切忌将水加入酸中避免发生沸溅。配制时要注意选择适当容器(如大烧杯等)，可将烧杯放入适量冷水中，不得使烧杯漂浮。操作人员需佩戴口罩、耐酸碱手套，操作过程应在通风橱内进行。

(2)硫酸溶液(c=0.13 mol/L)　量取3.9 mL溶液1 000 mL超纯水中。

注意：硫酸有强烈的腐蚀性和吸水性，遇水大量放热，可发生沸溅，吸取硫酸时需戴口罩、手套，小心移取，防止泄露，配制溶液时先加水再缓缓将硫酸放入水中，边加边搅拌，切忌将水加入酸中避免发生沸溅。配制时要注意选择适当容器(如大烧杯等)，可将烧杯放入适量冷水中，不得使烧杯漂浮。操作过程应在通风橱内进行。

(3)氢氧化钾(c=0.23 mol/L)　称取9.43 g氢氧化钾溶于1 000 mL容量瓶中。

注意：氢氧化钾遇水和水蒸气大量放热，形成腐蚀性溶液，具有强腐蚀性。操作人员在稀释或制备溶液时，应把碱缓慢加入水中，配制时需用塑料容器，避免沸腾和飞溅，不断搅拌且采取降温措施，而且要佩戴耐酸碱手套、防护口罩，远离易燃可燃物，整个过程需在通风橱内进行。

附录三　常用化学试剂的存放和使用

化学试剂又叫化学药品，简称试剂。化学试剂是指具有一定纯度标准的各种单质和化合物(也可以是混合物)。有的常温非常稳定、有的通常就很活泼，有的受

高温也不变质、有的却易燃易爆，有的香气浓烈，有的则剧毒……因此，首先要知道试剂的分类情况。然后掌握各类试剂的存放和使用。

一、化学试剂的分类

试剂分类的方法较多。如按状态可分为固体试剂、液体试剂。按用途可分为通用试剂、专用试剂。按类别可分为无机试剂、有机试剂。按性能可分为危险试剂、非危险试剂等。

从试剂的贮存和使用角度，常按类别和性能两种方法对试剂进行分类。

(一)无机试剂和有机试剂

这种分类方法与化学的物质分类一致，既便于识别、记忆，又便于贮存、取用。

无机试剂按单质、氧化物、碱、酸、盐分出大类后，再考虑性质进行分类。

有机试剂则按烃类、烃的衍生物、糖类蛋白质、高分子化合物、指示剂等进行分类。

(二)危险试剂和非危险试剂

这种分类既注意到实用性，又考虑到试剂的特征性质。因此，既便于安全存放，又便于实验工作者在使用时遵守安全操作规则。

1.危险试剂的分类

根据危险试剂的性质和贮存要求又分为：

(1)易燃试剂　这类试剂指在空气中能够自燃或遇其他物质容易引起燃烧的化学物质。由于存在状态或引起燃烧的原因不同常可分为：

①易自燃试剂：如黄磷等。

②遇水燃烧试剂：如钾、钠、碳化钙等。

③易燃液体试剂：如苯、汽油、乙醚等。

④易燃固体试剂，如硫、红磷、铝粉等。

(2)易爆试剂　指受外力作用发生剧烈化学反应而引起燃烧爆炸同时能放出大量有害气体的化学物质。如氯酸钾等。

(3)毒害性试剂　指对人或生物以及环境有强烈毒害性的化学物质，如溴、甲醇、汞、三氧化二砷等。

(4)氧化性试剂　指对其他物质能起氧化作用而自身被还原的物质，如过氧化钠、高锰酸钾、重铬酸铵、硝酸铵等。

(5)腐蚀性试剂　指具有强烈腐蚀性,对人体和其他物品能因腐蚀作用发生破坏现象,甚至引起燃烧、爆炸或伤亡的化学物质,如强酸、强碱、无水氯化铝、甲醛、苯酚、过氧化氢等。

2. 非危险试剂的分类

根根非危险试剂的性质与贮存要求可分为:

(1)遇光易变质的试剂　指受紫外光线的影响,易引起试剂本身分解变质,或促使试剂与空气中的成分发生化学变化的物质。如硝酸、硝酸银、硫化铵、硫酸亚铁等。

(2)遇热易变质的试剂　这类试剂多为生物制品及不稳定的物质,在高气温中就可发生分解、发霉、发酵作用,有的常温也如此。如硝酸铵、碳铵、琼脂等。

(3)易冻结试剂　这类试剂的熔点或凝固点都在气温变化以内,当气温高于其熔点,或下降到凝固点以下时,则试剂由于熔化或凝固而发生体积的膨胀或收缩,易造成试剂瓶的炸裂。如冰醋酸、晶体硫酸钠、晶体碘酸钠以及溴的水溶液等。

(4)易风化试剂　这类试剂本身含有一定比例的结晶水,通常为晶体。常温时在干燥的空气中(一般相对湿度在70%以下)可逐渐失去部分或全部结晶水而变成粉末,使用时不易掌握其含量。如结晶碳酸钠、结晶硫酸铝、结晶硫酸镁、胆矾、明矾等。

(5)易潮解试剂　这类试剂易吸收空气中的潮气(水分)产生潮解、变质、外形改变、含量降低甚至发生霉变等。如氯化铁、无水乙酸钠、甲基橙、琼脂、还原铁粉、铝银粉等。

二、化学试剂的等级标准

进入化学实验室,可看到琳琅满目的各类试剂瓶上都贴有标签,以示所盛试剂的名称,便于取用。而标签有不同的颜色,这是否为了装饰?仔细观察,标签上除印有名称,分子式外还有C、P、A、R等符号,这是什么意思?

原来化学试剂按含杂质的多少分为不同的级别,以适应不同的需要。为了在同种试剂的多种不同级别中迅速选用所需试剂,还规定不同级别的试剂用不同颜色的标签印制。我国目前试剂的规格一般分为5个级别,级别序号越小,试剂纯度越高。

一级纯:用于精密化学分析和科研工作,又叫保证试剂。符号为G·R,标签为绿色。

二级纯:用于分析实验和研究工作,又叫分析纯试剂。符号为A·R,标签为红色。

三级纯:用于化学实验,又叫化学纯试剂。符号为C·P,标签为蓝色。

四级纯:用于一般化学实验,又叫实验试剂。符号为L·R,标签黄色。

工业纯:工业产品,也可用于一般的化学实验。符号T·P。

但近年来,标签的颜色对应试剂级别已不是十分准确。所以主要应以标签印示的级别和符号选用。同一种试剂,纯度不同其规格不同,价格相差很大。所以必须根据实验要求,选择适当规格的试剂,做到既保证实验效果,又防止浪费。中学化学实验所需试剂100多种,其中70%以上采用四级纯。少量几种二级纯和三级纯,其余采用工业品。

三、化学试剂的取用

实验室中一般只贮存固体试剂和液体试剂,气体物质都是需用时临时制备。在取用和使用任何化学试剂时,首先要做到“三不”,即不用手拿,不直接闻气味,不尝味道。此外,还应注意试剂瓶塞或瓶盖打开后要倒放桌上,取用试剂后立即还原塞紧。否则会污染试剂,使之变质而不能使用,甚至可能引起意外事故。

(一)固体试剂的取用

粉末状试剂或粒状试剂一般用药匙取用。药匙有动物角匙,也有塑料药匙,且有大小之分。用量较多且容器口径又大者,可选大号药匙;用量较少或容器口径又小者,可选用小号药匙,并尽量送入容器底部。特别是粉状试剂容易散落或沾在容器口和壁上。可将其倒在折成的槽形纸条上,再将容器平置,使纸槽沿器壁伸入底部,竖起容器并轻抖纸槽,试剂便落入器底。

块状固体用镊子,送入容器时,务必先使容器倾斜,使之沿器壁慢慢滑入器底。

若实验中无规定剂量时,所取试剂量以刚能盖满试管底部为宜。取多了的试剂不能放回原瓶,也不能丢弃,应放在指定容器中供他人或下次使用。

取用试剂的镊子或药匙务必擦拭干净,更不能一匙多用。用后也应擦拭干净,不留残物。

(二)液体试剂的取用

用少量液体试剂时,常使用胶头滴管吸取。用量较多时则采用倾泻法。从细口瓶中将液体倾入容器时,把试剂瓶上贴有标签的一面握在手心,另一手将容器斜持、并使瓶口与容器口相接触,逐渐倾斜试剂瓶,倒出试剂。试剂应该沿着容器壁流入容器,或沿着洁净的玻棒将液体试剂引流入细口或平底容器内。取出所需量后,逐渐竖起试剂瓶,把瓶口剩余的液滴碰入容器中去,以免液滴沿着试剂瓶外壁流下。

若实验中无规定剂量时,一般取用1～2 mL。定量使用时,则可根据要求选用量杯、滴定管或移液管。取多的试剂也不能倒回原瓶,更不能随意废弃。应倒入指定容器内供他人使用。

若取用有毒试剂时,必须在教师指导下进行,或严格遵照规则取用。

(三)指示剂的使用

指示剂是用来判别物质的酸碱性、测定溶液酸碱度或容量分析中用来指示达到滴定终点的物质。指示剂一般都是有机弱酸或弱碱,它们在一定的pH范围内,变色灵敏,易于观察。故其用量很小,一般为每10 mL溶液加入1滴指示剂。指示剂的种类很多,除大家知道的石蕊、酚酞、甲基橙外,还有甲基红、百里酚酞、百里酚蓝、溴甲酚绿等。它们的变色范围不同,用途也不尽一致。容量分析中,为了某些特殊需要,除用单一的指示剂外,也常用混合指示剂。指示剂既要测定溶液的酸碱度,又常用来检验气态物质的酸碱性。所以实验中就常用到指示剂试液和试纸两类。

使用试液时,一般用胶头滴管滴入1～2滴试液于待检溶液中,振荡后观察颜色的变化。

使用试纸时,任何情况都不能将试纸投入或伸入待检溶液中。只能用洁净的玻璃棒将蘸取的待检液滴在放于玻片上的试纸条中间,观察变化稳定后的颜色。用pH试纸检验溶液的酸碱度时,试纸绝不能润湿,滴上待检液后半分钟,应将其所显示的颜色与标准比色卡(板)对照得出结果。不能用试纸直接检验浓硫酸等有强烈脱水性物质的酸性或碱性。

检验挥发性物质的性质,如酸碱性、氧化性或还原性等,可先将所用试纸用蒸馏水润湿,用玻璃棒将其悬空放在容器口或导气管口上方,观察试纸被熏后颜色的变化。

指示剂有其各自的变色范围,可是其变色范围不是恰好位于pH 7左右。其次各种指示剂在变色范围内会显示出逐渐变化的过渡颜色。再则,各种指示剂的变色范围值的幅度也不尽相同。因此,在酸碱中和滴定中,为降低终点时的误差,不同类别的酸碱滴定,应当选用适宜的指示剂。一般是:强酸滴定强碱或强碱滴定强酸时,可选用甲基橙、甲基红或酚酞试液作指示剂;强碱滴定弱酸时,则需选用百里酚酞或百里酚蓝试液为指示剂,若是强酸滴定弱碱时,应当选择溴甲酚绿或溴酚蓝试液。

实验中我们经常用到的一些具体的试剂，有的属危险性试剂，有的易发生变质，而有的则具有多项性质指标，如若不慎，则引起意外事故。

四、部分特殊试剂的存放和使用

（一）易燃固体试剂

1. 黄磷

黄磷又名白磷，应存放于盛水的棕色广口瓶里，水应保持将磷全部浸没；再将试剂瓶埋在盛硅石的金属罐或塑料筒里。取用时，因其易氧化，燃点又低，有剧毒，能灼伤皮肤。故应在水下面用镊子夹住，小刀切取。掉落的碎块要全部收口，防止抛撒。

2. 红磷

红磷又名赤磷，应存放在棕色广口瓶中，务必保持干燥。取用时要用药匙，勿近火源，避免和灼热物体接触。

3. 钠、钾

金属钠、钾应存放于无水煤油、液体石蜡或甲苯的广口瓶中，瓶口用塞子塞紧。若用软木塞，还需涂石蜡密封。取用时切勿与水或溶液相接触，否则易引起火灾。取用方法与白磷相似。

（二）易挥发出有腐蚀气体的试剂

1. 液溴

液溴密度较大，极易挥发，蒸气极毒，皮肤溅上溴液后会造成灼伤。故应将液溴贮存在密封的棕色磨口细口瓶内，为防止其扩散，一般要在溴的液面上加水起到封闭作用。且再将液溴的试剂瓶盖紧放于塑料筒中，置于阴凉不易碰翻处。取用时要用胶头滴管伸入水面下液溴中迅速吸取少量后，密封放还原处。

2. 浓氨水

浓氨水极易挥发，要用塑料塞和螺旋盖的棕色细口瓶，贮放于阴凉处。使用时开启浓氨水的瓶盖要十分小心。因瓶内气体压强较大，有可能冲出瓶口使氨液外溅。所以要用塑料薄膜等遮住瓶口，使瓶口不要对着任何人，再开启瓶塞。特别是气温较高的夏天,可先用冷水降温后再启用。

3. 浓盐酸

浓盐酸极易放出氯化氢气体,具有强烈刺激性气味。所以应盛放于磨口细口瓶中,置于阴凉处,要远离浓氨水贮放。取用或配制这类试剂的溶液时,若量较大,接触时间又较长者,还应戴上防毒口罩。

(三)易燃液体试剂

乙醇、乙醚、二硫化碳、苯、丙醇等沸点很低,极易挥发又易着火,故应盛于既有塑料塞又有螺旋盖的棕色细口瓶里,置于阴凉处,取用时勿近火种。其中常在二硫化碳的瓶中注少量水,起"水封"作用。因为二硫化碳沸点极低,为46.3℃,密度比水大,为1.26 g/cm^3,且不溶于水,水封保存能防止挥发。而常在乙醚的试剂瓶中,加少量铜丝,则是防止乙醚因变质而生成易爆的过氧化物。

(四)易升华的物质

易升华的物质有多种,如碘、干冰、萘、蒽、苯甲酸等。其中碘片升华后,其蒸气有腐蚀性,且有毒。所以这类固体物质均应存放于棕色广口瓶中,密封放置于阴凉处。

(五)剧毒试剂

剧毒试剂常见的有氰化物、砷化物、汞化合物、铅化合物、可溶性钡的化合物以及汞、黄磷等。这类试剂要求与酸类物质隔离,放于干燥、阴凉处,专柜加锁。取用时应在指导下进行。

试验完毕,操作者对使用剧毒试剂的器皿和工作场所要彻底进行洗刷和打扫。未用完的剧毒试剂,必须放置妥当,并贴有明显标志,严禁将试剂带出室外。

(六)易变质的试剂

1. 固体烧碱

氢氧化钠极易潮解并可吸收空气中的二氧化碳而变质不能使用,所以应当保存在广口瓶或塑料瓶中,塞子用蜡涂封。特别要注意避免使用玻璃盖子,以防黏结。

氢氧化钾与此相同。

2. 碱石灰、生石灰、碳化钙(电石)、五氧化二磷、过氧化钠等

上述试剂都易与水蒸气或二氧化碳发生作用而变质,它们均应密封贮存。特别是取用后,注意将瓶塞塞紧,放置干燥处。

3. 硫酸亚铁、亚硫酸钠、亚硝酸钠等

上述试剂具有较强的还原性,易被空气中的氧气等氧化而变质。要密封保存,并尽可能减少与空气的接触。

4. 过氧化氢、硝酸银、碘化钾、浓硝酸、亚铁盐、三氯甲烷(氯仿)、苯酚、苯胺等

这些试剂受光照后会变质,有的还会放出有毒物质。它们均应按其状态保存在不同的棕色试剂瓶中,且避免光线直射。

参考文献

[1] 曾兵,黄琳凯,陈超. 饲草生产学实验[M]. 重庆:西南师范大学出版社,2013.
[2] 贾玉山,玉柱,李存福. 草产品质量检测学[M]. 北京:中国农业大学出版社,2011.
[3] 王成章,王恬. 饲料学实验指导[M]. 北京:中国农业出版社,2006.
[4] 罗富成,毕玉芬,黄必志. 草业科学实践教学指导书[M]. 昆明:云南科技出版社,2008.
[5] 董宽虎,沈益新. 饲草生产学[M]. 北京:中国农业出版社,2003.
[6] 郭孝,李明. 饲草种植新技术[M]. 郑州:中原农民出版社,2008.
[7] 常根柱,时永杰. 优质牧草高产栽培及加工利用技术[M]. 北京:中国农业科学技术出版社,2001.
[8] 贺建华. 饲料分析与检测[M]. 北京:中国农业出版社,2005.
[9] 张丽英. 饲料分析及饲料质量检测技术[M]. 北京:中国农业大学出版社,2003.
[10] 曹致中. 草产品学[M]. 北京:中国农业出版社,2005.
[11] 汪玺. 草产品加工技术[M]. 北京:金盾出版社,2002.
[12] 张秀芬. 饲草饲料加工与贮藏[M]. 北京:农业出版社,1992.
[13] 周治云,李昌桂. 牧草高效生产与加工技术[M]. 北京:中国农业大学出版社,2003.
[14] 玉柱,杨富裕,周禾. 饲草加工与贮藏技术[M]. 北京:中国农业科学技术出版社,2003.
[15] 陈宝书. 牧草饲料作物栽培学[M]. 北京:中国农业出版社,2001.